{ 近 900 張步驟圖解
職人配方、詳解技法 }

社大名師親授

中式素點心

Vegetarian Dim Sum

社大名師劉妙華＆連麗惠 著

社大秒殺課程中才能學到的素點心，
新手、進階者都能做的麵食、米食、小吃和烘烤類點心

朱雀文化

序　新手也能看書做中式素點心

時隔一年，我的第三本書《社大名師親授中式素點心》即將出版，這本食譜比較特別的，是我和對烹調充滿熱情與經驗的麗惠老師共同撰述。

由於原生家庭從事米麵食製作批發工作，自小生活就與米麵食密不可分，產生了濃厚的情感，之後因婚後夫家餐桌上總出現米麵食，令我產生很大的興趣。一入米麵食之門，更覺得學海無涯，很多東西需要學習。

因緣際會，我參與了各項相關的研習課程，並取得專業證照，開始進入多所社區大學開設米麵食等烹調課程，不知不覺中已經過了二十多年。在漫長的教學生活中，除了將自己所學教給學生們，我也會針對大家在操作過程中發生的困難、疑問，給予適當的解答，務必讓大家都學會。然而，因社區大學課程的名額有限，所以想藉由出版書籍，讓更多對米麵食有興趣的讀者，能夠參照書籍製作，如同參加我的課程一樣。

本書是以中式素點心為主題，包含了「麵食類」、「米食、小吃和烘烤類」兩大類點心。一如上課的講義，我把製作配方數字化，搭配詳細的圖文，希望對素點心有興趣的讀者，即使是烹調新手，也能按照製作流程做出每樣點心。

我要謝謝攝影師周禎和、編輯文怡，以及共同撰述的麗惠老師、社大學員秀燕、志豪、女兒欣梅的協助，方使此書順利出版。我也感謝生命中的每一位貴人！

劉妙華

序　分享百變素點心

　　第一次吃素持續四十九天，是為了替公公和家人祈福。對於平常喜歡烹飪的我，這應該是對素食進一步的認識，亦是靜心品味菜根香的開始。長久以來，如何利用天然食材，讓素食餐點能有多種變化，變得美味，吃得健康，而令人心生歡喜，是我常常在思考的事。而以美食與大眾結善緣，則是我一直最愛做的事。

　　2009 年因緣俱足親近道場，有幸成為佛光緣美術館台北館的義工，並經常在滴水坊服務。退休後的角色扮演除了家庭主婦操持家務，每週在美術館做個快樂的義工，也在松山社區大學與同學分享學習經驗。感恩在這個生活圈中享受生活的樂趣，並可持續精進。

　　彈指間，與麵粉為伍已有十多年，主食除了米飯，麵食、小點也是很好的選擇。關於這本素食點心的書，緣起於 2020 年妙華老師在拍製第二本書《社大名師親授中式麵點完美配方》時，朱雀文化出版社彭主編現場邀約老師，希望出版一本有關素食麵點的書。感謝妙華老師的提攜，並給了我參與這次新書發表的機會。老師的菁英班中人才濟濟，忖己不足，誠惶誠恐，恐有負使命。在定案後遂將這十餘年學習蔬食烹調的心得，整理之後書於文字，借此與素食喜好者分享之。

　　書中介紹四十餘種麵食、米食點心，Q 彈的麵皮加上美味的餡料，呈現完美的組合是本書要點。將主料麵體配方數字，化為劉老師多年來的心血結晶和無私的傳承。配方比例數字化後，無論在大量或小量製作上，都可易於計算出自己所需的用量。在餡料設計上以方便取材為原則，有些則以素菜餐點做些微變化調配，也就是說，以這些食材餡料，若以不同的刀工切法再加以烹調方式，也可以呈現出另一道菜餚。讓讀者易懂易學，材料的搭配與取捨亦可依個人喜好而調整。

　　感念得之於助我的貴人太多，誠摯地感謝朱雀文化出版社、妙華老師的照顧及法師們的慈悲長養我培福的資糧；同時非常謝謝幫助拍攝作業的好夥伴們和支持包容我的家人。深切體會十年磨一劍定有收穫！認真、用心和堅持，慢慢地，所經營出來的生命就會有所不同。願以此書與喜歡素食的朋友們結下善因好緣！

連麗惠

目錄 Contents

PART 1 麵食類

PART 2 米食、小吃和烘烤類

材料和器具

本書用到的食材都是素食，除了新鮮蔬果之外，

這裡會介紹一些比較特別的材料，

只要在傳統市場、網路商店、有機商店都能買到。

器具則是製作麵點必備的行頭，建議大家製作這些素點心前，

先看完說明再準備，可降低買錯食材和器具的風險。

認識材料

雜糧、粉類

生薑粉
是以生薑曬乾，再磨成粉製成。可以用在調味、爆香。

薏仁
又叫薏米、薏苡仁，因為具有消水腫的效果而廣為人知。通常用在烹調四神湯、製作薏仁飯和其他中式甜點。

杏仁
這裡使用的是南杏，風味較甘甜，多用在製作中式點心、杏仁飲和五穀雜糧飯等。

圓糯米
具有口感Q、黏性高的特性，像製作筒仔米糕這種倒扣後，形狀必須完整的料理，可以使用圓糯米。而油飯這類，則可以使用長糯米。

雪蓮子
雪蓮子常被人稱作美容聖品，含有豐富的蛋白質，能給茹素者提供多種營養素。經過烹調後，具有黏稠的口感，可以烹調甜湯、煮粥等。

白米
書中使用長米，也就是秈米製作八寶荷葉飯。這種米形狀細長，例如台灣的在來米、泰國香米等。

蕎麥
富有膳食纖維的蕎麥屬於養生食材，多用來製作蕎麥麵條、蕎麥麵包或養生口味的包子、饅頭等。

加工食品類

大順燉肉
經過調味，風味較濃郁，口感具有層次，可以直接食用的素肉製品。原料是植物纖維和大豆組織蛋白。

素叉燒肉
具有叉燒風味的素肉，多用來當作素叉燒包的餡料，非常方便。

素蟹肉丸
口感有嚼勁，多用在素火鍋料，或切丁、切塊來烹調料理。

素肉粒
碎肉粒形狀，經過泡水軟化後使用，可以涼拌、滷或炒各種料理，或用在餡料。

素肉條
以大豆蛋白為原料製作，製成條狀，多用於烹調料理。

素肉漿
以大豆纖維、小麥蛋白等製成，黏著性強，可以塑型成丸子、肉排等形狀，再加以烹調。

小麥蛋白
以水泡軟之後，可依烹調的料理，改刀成片、塊，用途廣泛。油炸後具有香氣，可增添料理風味。

新肉絲
原料為大豆蛋白，解凍後即可烹調。多用來當作水餃、包子的餡料，或烹調料理。

新豬肉
原料為豌豆、非基改大豆、米，解凍後即可烹調。多用來製作肉丸等絞肉料理，或餡料。

9

東炎醬
微辣香酸風味的泰式調味料，又叫冬蔭醬，多用在煮湯的湯底、燒烤、火鍋沾醬等。

甜麵醬
甜鹹風味，多用在拌麵、沾醬、醬爆，像是京醬肉絲、烤鴨沾醬等料理。

香椿醬
具有獨特的濃郁風味，類似羅勒青醬。多用在炒飯、炒麵或是製作香椿餅。

薑油
具有薑風味的沙拉油可以自製。鍋中倒入沙拉油，放入薑片，以小火炸至薑片變乾，釋出香氣，再取出薑片，即可使用薑油。

素蠔油
素食常見的調味料，口感香甜，可用在沾醬、滷煮或是炒類料理。

松露醬
具有獨特菌菇風味的醬料，可用來炒飯、炒麵、沾食薯條或是當作抹醬食用。

素沙茶醬
除了當作火鍋、水餃、煎餃的沾醬，還適合烹調炒類料理、製作拌醬等。

香草、蔬菜類

貢菜
市售常見的是乾燥的貢菜。用水泡軟之後，再製作涼拌菜、餡料等，口感脆且爽口。

薄荷
氣味清新芳香的薄荷除了搭配食材入菜，還可以泡茶飲、製作甜點。

香菜
又叫芫荽，是大眾很熟悉的食用香草，多用在小吃、湯品、涼拌類料理。

檸檬葉
也是東南亞料理中常用到的香草，具有清新的柑橘味，多切成細絲或切碎，用來烹調咖哩、湯品、熱炒等料理。

香茅
又叫檸檬草，帶有獨特的檸檬香氣，是烹調東南亞料理不可缺的香草。傳統市場可以買到新鮮的香茅。

九層塔
香氣濃郁，是中式料理中用途最廣的香草植物，像是鹹酥雞、快炒料理、湯類等，都會用以增添香氣。

認識器具

擀製、包餡、切割類

擀麵棍
市售有木製、不鏽鋼、塑膠的產品,粗細、形狀亦有不同,可視個人習慣、麵皮大小選用。

包餡匙
類似小刮刀,常見的有木製、不鏽鋼製,是專門用來輔助挖取餡料的小工具。例如包水餃、餛飩、小籠湯包等麵點時使用。

保鮮膜
麵團鬆弛時,通常會蓋上保鮮膜或塑膠袋,防止麵團表面結皮、變硬。

刮板
多用在切割麵團時,市售有 PP 塑膠、矽膠等商品,可依麵團大小,準備幾個不同尺寸的使用。

其他

秤
建議同時準備普通秤、精細的電子秤。電子秤可測量精準的配方數字，靈敏度範圍最好能秤至 1 公克以下。

溫度計
可測量液體、麵團等的溫度。

刀
選一把鋒利的好刀，切麵條或食材更俐落。

SF-400
ZERO   g
TARE   OZ
CAPACITY:
10000gX1g/353ozX0.1oz

开/关 单位 归零

DRETEC

ON/OFF

平底鍋
除了烹調料理，也適合煎蛋餅、烙鍋餅、蔥油餅、手抓餅等扁平狀的麵點。

長筷
較一般筷子長，更方便挾取麵條或炸物。

漏勺
用在將煮好的食材、水餃等撈起，漏勺尺寸、孔洞大小必須配合煮鍋和食材。

瀝水盆
又叫漏盆、瀝水籃、洗菜盆。可清洗、過濾，像濾麵條、洗米、洗蔬果等。

PART 1

麵食類

這個單元精選了餡料豐富的麵食類，

例如包子、水餃、鍋貼、燒賣，以及餅類，

只要學會餡料的配方與比例，就能掌握點心好吃的關鍵。

此外，作者設計多款精心調整配方的甜味包子，

是市面上不易吃到的，在家手做才能品嚐的美味！

打拋素包子

●成品：120 公克包子 10 個

材料	%	公克/數量
●麵皮（每個約 60 公克）		
粉心麵粉 A	50	190
粉心麵粉 B	50	190
水	50	190
速溶酵母	1	3.8
泡打粉	0.5	1.9
黃豆粉	2	7.6
細砂糖	10	38
沙拉油	2	7.6
合計	165.5	629

●烹調部分的食材不標示百分比（%）

材料	%	公克/數量
●內餡（每個約 60 公克）		
麵腸		200
覆水黑木耳		90
杏鮑菇		150
蕃茄		80
薑		5
九層塔		20
香油		10
●調味料		
東炎醬		30
醬油		5
素蠔油		10
鹽		2
細砂糖		5
合計		607

製作內餡

1 麵腸切丁，加入少許醬油（材料量之外）醃一下。

2 黑木耳、杏鮑菇和蕃茄都切小丁；薑切末；九層塔切碎。

3 將油倒入鍋中燒熱（約 160℃），放入麵腸過油後取出，接著放入杏鮑菇過油，取出。

4 鍋燒熱，倒入適量油，放入薑爆香，加入麵腸、黑木耳和杏鮑菇拌炒。

5 倒入東炎醬和醬油、素蠔油、鹽和細砂糖拌炒。

製作麵皮

6 加入蕃茄拌炒，放涼。調味的過程中，也可加入些許水拌炒，使入味、收汁。

7 加入香油、九層塔拌勻，即成餡料。放入冰箱冷藏，包餡時再取出。

8 將粉心麵粉 A、速溶酵母、泡打粉、黃豆粉和細砂糖倒入攪拌缸中。

9 加入水，再加入沙拉油。

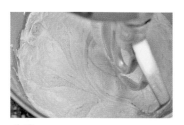

10 以1檔（慢速）攪打至均勻，進行基本發酵30分鐘。

11 加入粉心麵粉B。

12 用槳狀攪拌器以1檔（慢速）攪打至呈光滑的麵團。

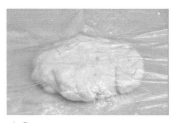

13 取出麵團，蓋上塑膠袋，鬆弛約3分鐘。

整型、分割

14 以壓麵機壓成表面光滑的長方形麵皮。

★也可以用手擀麵皮。手擀時，需採分段式擀法，先從中間往兩邊擀，再左右擀開，如果擀不動（麵皮擀了會回縮），可先停下來，蓋上塑膠袋鬆弛10分鐘，再繼續。

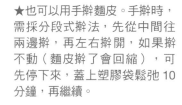

15 從靠近自己這邊，往上捲緊，避免捲入空氣。

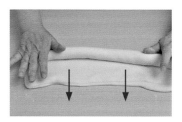

16 捲成長條形。

擀包子皮

17 以切麵刀分割成10等分的小麵團。

18 用手掌根部（拇指下方）壓平，蓋上塑膠袋，鬆弛約5～10分鐘。

★可擦些手粉再操作。鬆弛的時間依氣候而異，天氣越冷，鬆弛時間就越長。

19 以擀麵棍擀成中間厚、邊緣薄的麵皮。

20 擀的過程中若表面有氣泡，可以用牙籤刺破。

21 完成直徑約 9 公分的麵皮。

包餡、蒸熟

22 包子皮光滑面朝外，取 60 公克內餡放在皮中間，左手按住內餡。

23 右手將麵皮摺一個摺，捏緊。

24 左手大拇指一邊把內餡壓入包子裡，右手持續摺並且捏緊。

25 摺、捏緊，持續收緊包子皮，直到快變成包子形狀，中間扭緊，成為一個包子。

★最後一摺麵皮和第一摺麵皮捏緊，中間形成一個小圓洞。

26 將包子排入蒸籠中，進行最後發酵 20 ～ 30 分鐘，使體積漲至約 1.5 倍大。

27 蒸籠底鍋的水煮滾，上籠，以中小火蒸約 10 分鐘至熟即可。

 **小祕訣**

包子的內餡已經炒熟，所以可以多包一些，比例可至 1：1。只要包子皮蒸熟，就不用擔心內餡不熟。

咖哩花椰菜包子

●成品：110 公克包子 10 個

材料	％	公克／數量
●麵皮（每個約 60 公克）		
粉心麵粉 A	50	190
粉心麵粉 B	50	190
水	50	190
速溶酵母	1	3.8
泡打粉	0.5	1.9
黃豆粉	2	7.6
細砂糖	10	38
沙拉油	2	7.6
合計	165.5	629

●烹調部分的食材不標示百分比（％）

材料	％	公克／數量
●內餡（每個約 50 公克）		
白花椰菜		330
胡蘿蔔		50
皮絲		50
香菜梗		26
香菜酥		15
●調味料		
咖哩粉		15
鹽		4
味精		2
細砂糖		10
太白粉		18
薑油		32
香油		10
合計		562

製作流程

製作內餡

1 白花椰菜切碎成花椰菜米，放入滾水中，加入少許鹽汆燙一下，瀝乾水分。

2 胡蘿蔔削皮後切粒。鍋燒熱，倒入少許油，放入胡蘿蔔炒軟。

3 皮絲浸泡熱水至軟，洗淨後擠乾水分，切粒，放入鍋中炒香。

4 香菜梗切成細末。

5 將白花椰菜、胡蘿蔔、皮絲和香菜酥倒入容器中，加入咖哩粉、鹽、味精、細砂糖。

6 戴上手套，以雙手拌勻。

7 加入薑油、香油拌勻。

8 加入太白粉拌勻。

製作麵皮

9　最後加入香菜梗拌勻，以刮刀刮鋼盆邊緣拌勻，即成內餡。

10　將粉心麵粉 A、速溶酵母、泡打粉、黃豆粉和細砂糖倒入攪拌缸中。

11　加入水、沙拉油，以 1 檔（慢速）攪打至均勻，進行基本發酵 30 分鐘。

整型、分割

12　加入粉心麵粉 B，以 1 檔（慢速）攪打至呈光滑的麵團。

13　取出麵團，蓋上塑膠袋，鬆弛約 3 分鐘。

14　以壓麵機壓成表面光滑的長方形麵皮。

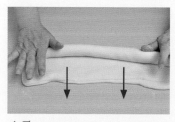

15　從靠近自己這邊，往上捲緊，避免捲入空氣。

16　捲成長條形。

17　以切麵刀分割成 10 等分的小麵團。

擀包子皮

18　用手掌根部（拇指下方）壓平，蓋上塑膠袋，鬆弛約 5～10 分鐘。

★可擦些手粉再操作。鬆弛的時間依氣候而異，天氣越冷，鬆弛時間就越長。

19　以擀麵棍擀成中間厚、邊緣薄的麵皮。

20 擀的過程中若表面有氣泡，可以用牙籤刺破。

21 完成直徑約 9 公分的麵皮。

包餡、蒸熟

22 包子皮光滑面朝外，取 50 公克內餡放在皮中間。

23 左手按住內餡，右手將麵皮摺一個摺，捏緊。

24 左手大拇指一邊把內餡壓入包子裡，右手持續摺並且捏緊。

25 摺、捏緊，持續收緊包子皮，直到快變成包子形狀，中間扭緊，成為一個包子。

★最後一摺麵皮和第一摺麵皮捏緊，中間形成一個小圓洞。

26 將包子排入蒸籠中，進行最後發酵 20 ～ 30 分鐘，使體積漲至約 1.5 倍大。

27 蒸籠底鍋的水煮滾，上籠，以中小火蒸約 10 分鐘至熟即可。

小祕訣

1. 內餡調味時，先加入乾性材料混合，才能避免結塊。而加入太白粉拌勻，可使內餡有黏性，蒸好之後，內餡才不會散開。
2. 麵團發酵採用中種法，可以省時間、省力氣，適合純手工製作，麵皮的口感也很Q彈。

麻婆豆腐包子

●成品：110 公克包子 10 個

材料	%	公克/數量
●**麵皮**（每個約 60 公克）		
粉心麵粉	100	380
胡蘿蔔汁	50	190
速溶酵母	1	3.8
泡打粉	0.5	1.9
黃豆粉	2	7.6
細砂糖	10	38
沙拉油	2	7.6
合計	165.5	629

●烹調部分的食材不標示百分比（％）

材料	%	公克/數量
●**內餡**（每個約 50 公克）		
板豆腐		180
燉肉		54
香菇		18
粉絲		72
芹菜		36
雞蛋		54
●**調味料**		
花椒粒、粉		2
辣豆瓣醬		14
辣椒醬		5
醬油		4
素蠔油		4
細砂糖		2
太白粉		14
沙拉油		36
香油		9
合計		504

製作流程

製作內餡

1 板豆腐切大丁，放入滾水中，加入少許鹽汆燙一下。

2 香菇泡軟後擠乾水分，切丁；粉絲浸泡熱水至軟，剪成小段。

3 芹菜、燉肉切粒。

4 將油倒入鍋中燒熱（約160℃），分別放入板豆腐、香菇和燉肉過油，取出。

5 鍋燒熱，倒入適量油，打入雞蛋炒成蛋碎。

6 鍋燒熱，倒入適量油，倒入辣豆瓣醬、辣椒醬、醬油和素蠔油炒香。

7 加入板豆腐、燉肉和香菇拌炒，加入細砂糖調味，盛出放涼。

8 拌入粉絲、芹菜和蛋碎，加入太白粉。

製作麵皮

9 加入香油、沙拉油拌勻，即成內餡。

10 將粉心麵粉、速溶酵母、泡打粉、黃豆粉和細砂糖倒入攪拌缸中。

11 加入胡蘿蔔汁、沙拉油，以1檔（慢速）攪打至均勻。

整型、分割

12 取出麵團，蓋上塑膠袋，鬆弛約3分鐘。

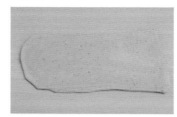

13 以壓麵機壓成0.5～0.8公分厚、表面光滑的長方形麵皮。

14 從靠近自己這邊，往上捲緊，避免捲入空氣。

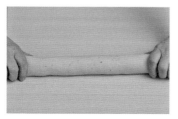

15 捲成長條形。

16 以切麵刀分割成10等分的小麵團。

擀包子皮

17 用手掌根部（拇指下方）壓平，蓋上塑膠袋，鬆弛約5～10分鐘。

包餡、蒸熟

18 以擀麵棍擀成中間厚、邊緣薄的麵皮，擀的過程中若表面有氣泡，可以用牙籤刺破。

19 完成直徑約9公分的麵皮。

20 包子皮光滑面朝外，取50公克內餡放在皮中間，左手按住內餡，右手將麵皮摺一個摺，捏緊。

21 左手大拇指一邊把內餡壓入包子裡，右手持續摺並且捏緊。

22 摺、捏緊，持續收緊包子皮，直到快變成包子形狀，中間扭緊，成為一個包子。

★最後一摺麵皮和第一摺麵皮捏緊，中間形成一個小圓洞。

23 將包子排入蒸籠中，進行最後發酵 20～30 分鐘，使體積漲至約 1.5 倍大。

24 蒸籠底鍋的水煮滾，上籠，以中小火蒸約 10 分鐘至熟即可。

小祕訣

1. 製作流程 1 汆燙豆腐時加入鹽，可使豆腐更結實，保持外型，不會破掉。

2. 這裡是以胡蘿蔔汁增添包子皮的色澤，也可以用 190 公克水加上適量匈牙利紅椒粉，調成紅色汁液使用。

3. 內餡調味時，加入了豆油伯辣豆瓣醬增添風味。這款辣豆瓣醬使用台灣契作黃豆為原料，以原豆釀造，投入嚴選辣椒熬煮，調和出辛辣中帶著鹹甜層次的辣豆瓣醬，是不嗜嗆辣滋味者的最佳選擇。可用來拌炒，用在台式、西式料理都很適合。秋冬之際則是各式火鍋沾拌首選，是饕客生活中必備的優質醬料。

豆腐包子

●成品：110 公克包子 10 個

材料	%	公克／數量
●麵皮（每個約 60 公克）		
粉心麵粉 A	50	190
粉心麵粉 B	50	190
水	50	190
速溶酵母	1	3.8
泡打粉	0.5	1.9
黃豆粉	2	7.6
細砂糖	10	38
沙拉油	2	7.6
合計	165.5	629
●內餡（每個約 50 公克）		
板豆腐		180
高麗菜		126
芹菜		30
粉絲		72
紅甜椒		30
雞蛋		50
低筋麵粉		10
●調味料		
鹽		4
味精		1
細砂糖		5
胡椒粉		2.5
香油		18
沙拉油		18
合計		546.5

●烹調部分的食材不標示百分比（％）

製作流程

製作內餡

1 板豆腐切大丁，放入滾水中，加入少許鹽汆燙一下，取出瀝乾，放入油鍋中（約 160℃）過油，取出。

2 高麗菜切小片，加入些許鹽（材料量之外）搓抓使出水，再放入網袋中擠乾水分。

3 芹菜、紅甜椒切末；粉絲浸泡熱水至軟，切（剪）小段。

4 鍋燒熱，倒入適量油，打入雞蛋，等稍微凝固後，以筷子攪散。

5 混合豆腐、高麗菜、芹菜、蛋和粉絲、紅甜椒，加入鹽、味精、細砂糖和胡椒粉拌勻。

6 加入香油、沙拉油拌勻，加入低筋麵粉，以刮刀刮鍋盆邊緣拌勻，即成內餡。

製作麵皮

7 參照 p.22 製作流程 10～21，做好包子皮。

包餡、蒸熟

8 包子皮光滑面朝外，取50 公克內餡放在皮中間，左手按住內餡。

9 右手將麵皮摺一個摺，捏緊。

10 左手大拇指一邊把內餡壓入包子裡，右手持續摺並且捏緊。

11 摺、捏緊，持續收緊包子皮，直到快變成包子形狀，中間扭緊，成為一個包子。

★最後一摺麵皮和第一摺麵皮捏緊，中間形成一個小圓洞。

 **小祕訣**

製作流程 1 汆燙豆腐時加入鹽，可使豆腐更結實，不會破掉。過油的話，豆腐表面會呈金黃，搭配炒香的蛋碎，更能增添香氣。

12 將包子排入蒸籠中，進行最後發酵 20～30 分鐘，使體積漲至約 1.5 倍大。

13 蒸籠底鍋的水煮滾，上籠，以中小火蒸約 10 分鐘至熟即可。

龍鬚菜包子

●成品：110 公克 包子 10 個

材料	%	公克／數量
●麵皮（每個約 60 公克）		
粉心麵粉 A	50	190
粉心麵粉 B	50	190
水	50	190
速溶酵母	1	3.8
泡打粉	0.5	1.9
黃豆粉	2	7.6
細砂糖	10	38
沙拉油	2	7.6
合計	165.5	629
●內餡（每個約 50 公克）		
去水龍鬚菜		300
覆水香菇		38
五香豆乾		38
過油豆皮		38
素火腿		38
●調味料		
鹽		3
味精		4.2
細砂糖		5.3
白胡椒粉		2
沙拉油		15
香油		30
合計		512

●烹調部分的食材不標示百分比（％）

製作流程

製作內餡

1 龍鬚菜切掉硬梗，放入滾水中，加入少許鹽汆燙約2分鐘，過冷水，擠乾水分，切末。

2 豆乾切小丁；香菇泡軟後擠乾水分，切小丁。

3 過油豆皮、素火腿都切小丁。

4 將油倒入鍋中燒熱（約160℃），分別放入素火腿、香菇和豆乾過油，取出。

5 全部材料放涼。

6 將素火腿、龍鬚菜、香菇、豆乾和豆皮倒入鋼盆中，加入鹽、味精、細砂糖和白胡椒粉拌勻。

7 加入香油、沙拉油拌勻，即成內餡。內餡食材務必乾爽、不可帶水。

製作麵皮

8 參照前面，加上 p.22 製作流程 10～21，做好包子皮。

包餡、蒸熟

9 包子皮光滑面朝外，取50 公克內餡放在皮中間，左手按住內餡。

10 右手將麵皮摺一個摺，捏緊。

11 左手大拇指一邊把內餡壓入包子裡，右手持續摺並且捏緊。

12 摺、捏緊，持續收緊包子皮，直到快變成包子形狀，中間扭緊，成為一個包子。

★最後一摺麵皮和第一摺麵皮捏緊，中間形成一個小圓洞。

13 將包子排入蒸籠中，進行最後發酵 20 ～ 30 分鐘，使體積漲至約 1.5 倍大。

14 蒸籠底鍋的水煮滾，上籠，以中小火蒸約 10 分鐘至熟即可。

芝麻花生包

●成品：90 公克 包子 10 個

材料	%	公克／數量
●麵皮（每個約 60 公克）		
粉心麵粉	100	350
速溶酵母	1.5	5.3
水	54	189
黑芝麻粉	10	35
細砂糖	8	28
無水奶油	2	7
合計	175.5	614.3
●芝麻餡（每個約 30 公克）		
糖粉		80
黑芝麻粉		60
花生醬		80
無水奶油		80
奶粉		10
合計		310

●烹調部分的食材不標示百分比（％）

製 作 流 程

製作芝麻餡

1 將糖粉、黑芝麻粉、花生醬、無水奶油和奶粉倒入調理機攪拌成泥狀，放入冰箱冷藏。

製作麵皮

2 將麵皮的所有材料倒入攪拌缸中。

3 以 1 檔（慢速）攪打至呈有彈性的麵團。

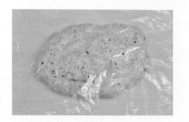

4 取出麵團拍扁，蓋上塑膠袋，鬆弛約 3 分鐘。

整型、分割

5 以壓麵機壓成表面光滑的長方形麵皮。

6 從靠近自己這邊，往上捲緊，避免捲入空氣，捲成長條形。

7 以切麵刀分割成 10 等分的小麵團。

擀包子皮

8 用手掌根部（拇指下方）壓平，蓋上塑膠袋，鬆弛約 5～10 分鐘。

9 以擀麵棍擀成中間厚、邊緣薄的麵皮。

10 完成直徑約 9 公分的麵皮。

包餡、蒸熟

11 取出芝麻餡，分成 10 等分。取 30 公克內餡放在皮中間，左手按住內餡。

12 參照 p.23 製作流程 22～25，包好一個個包子。

13 將包子排入蒸籠中，進行最後發酵 20～30 分鐘，使體積漲至約 1.5 倍大。蒸籠底鍋的水煮滾，上籠，以中小火蒸約 10 分鐘至熟即可。

桂香芋泥包

●成品：90 公克 包子 10 個

材料	%	公克／數量
●麵皮（每個約 60 公克）		
粉心麵粉	100	350
速溶酵母	1.2	4.2
桂花水	54	189
紫薯粉	10	35
細砂糖	8	28
無水奶油	2	7
合計	175.2	613.2
●桂香蜜芋頭		
芋頭		600
細砂糖		180
桂花		15
熱水（適量添加）		800
合計		1595
●芋泥餡（每個約 30 公克）		
桂香蜜芋頭		250
奶粉		30
全蛋		25
奶油		20
鹽		1
合計		326

●烹調部分的食材不標示百分比（％）

製作流程

製作蜜芋頭

1 桂花沖洗去掉雜質，放入熱水中泡，過濾出桂花水。

2 芋頭切大的滾刀塊。

3 將竹笘墊在鍋底，芋頭平均疊放在竹笘上。

4 加入可淹過芋頭二分之一的桂花水量，蓋上鍋蓋，留小縫透氣，以中小火煮約25分鐘，至芋頭軟。

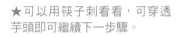

★可以用筷子刺看看，可穿透芋頭即可繼續下一步驟。

5 均勻撒入80公克糖煮10分鐘，再加入100公克糖煮5分鐘，桂花水量不足可再加入。

6 蓋緊鍋蓋，再續煮約15分鐘，至綿密Q軟。糖水未經翻攪，呈透明清澈狀。

製作芋泥餡

7 將蜜芋頭、奶粉、全蛋、奶油和鹽倒入調理機攪拌成泥狀，放入冰箱冷藏。

製作麵皮

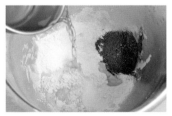

8 將麵皮的所有材料倒入攪拌缸中。

整型、分割

9 用鉤狀攪拌器以1檔（慢速）攪打至有彈性的麵團。

10 取出麵團拍扁，蓋上塑膠袋，鬆弛約3分鐘。

11 以壓麵機壓成表面光滑的長方形麵皮。

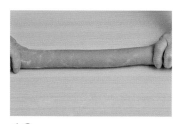

12 從靠近自己這邊，往上捲緊，避免捲入空氣，捲成長條形。

13 以切麵刀分割成 10 等分的小麵團。

擀包子皮

14 用手掌根部（拇指下方）壓平，蓋上塑膠袋，鬆弛約 5～10 分鐘。

15 以擀麵棍擀成中間厚、邊緣薄，直徑約 9 公分的麵皮。

包餡、蒸熟

16 取出芋泥餡，分成 10 等分。取 30 公克內餡放在皮中間。

17 從皮的一邊捏一個小尖。

18 左側的皮捏一個摺，與起點靠攏捏緊。

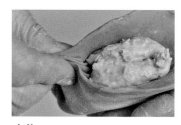

19 右側的皮也捏一個摺，再捏緊。

20 反覆左右摺，並且捏緊。

21 捏到尾端，捏一個小尖角，成為麥穗形狀。

22 將包子排入蒸籠中，進行最後發酵 20～30 分鐘，使體積漲至約 1.5 倍大。蒸籠底鍋的水煮滾，上籠，以中小火蒸約 10 分鐘至熟即可。

紫薯堅果
起司捲

●成品：65 公克包子 15 個

材料	%	公克 / 數量
●**麵皮**（每個約 40 公克）		
粉心麵粉	100	350
速溶酵母	1.5	5.3
水	54	189
紫薯粉	10	35
細砂糖	8	28
無水奶油	2	7
合計	175.5	614.3
●**內餡**（每個約 25 公克）		
葡萄乾	25	43
南瓜子	25	43
核桃	25	43
腰果	25	43
高溶點起司	40	69
起司絲	80	136
合計	220	377

●烹調部分的食材不標示百分比（％）

製 作 流 程

製作內餡

1 準備好葡萄乾、南瓜子、核桃、腰果等堅果。

2 準備好起司絲、高溶點起司。

3 將起司絲、高溶點起司放入平底鍋中煎至金黃，放涼，切小丁。

製作麵皮

4 將堅果、起司丁混合成內餡。

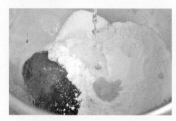

5 將粉心麵粉、速溶酵母、紫薯粉、細砂糖和無水奶油倒入攪拌缸中，加入水。

6 用鉤狀攪拌器以1檔（慢速）攪打至呈有彈性的麵團。

整型、包餡、分割

7 取出麵團拍扁，蓋上塑膠袋，鬆弛約3～5分鐘。

8 以壓麵機壓成表面光滑的長方形麵皮。

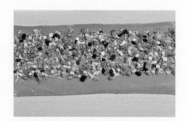

9 將內餡平均鋪在麵皮上，麵皮上下邊緣留空。

10 從靠近自己這邊往上捲。

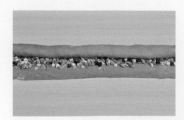

11 捲成長條形。

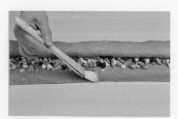

12 在麵皮邊緣刷上水。

38

13 將麵皮邊緣黏緊、貼合。

14 以切麵刀分割成 15 等分的小麵團。

蒸熟

15 如上圖將每個小麵團擺放在包子紙上,排入蒸籠中,發酵約 30 分鐘,使體積漲至約 1.5 倍大。

16 蒸籠底鍋的水煮滾,上籠,以中小火蒸 7 ～ 8 分鐘至熟即可。

小祕訣

因為包入的熟餡料比較多,所以蒸的時間不可太長,大約蒸 7 ～ 8 分鐘即可。

素叉燒包

●成品：90 公克 素叉燒包 10 個

材料	%	公克/數量
●**麵皮**（每個約 60 公克）		
速溶酵母	3	10.5
低筋麵粉	70	245
澄粉	30	105
黃豆粉	2	7
細砂糖	24	84
無水奶油	10	35
泡打粉	3.6	12.6
水	40	140
合計	182.6	639.1

●烹調部分的食材不標示百分比（％）

材料	%	公克/數量
●**叉燒餡**（每個約 30 公克）		
水		100
高鮮味精		0.5
細砂糖		25
淡色醬油		10
蕃茄糊		10
玉米粉		8
馬鈴薯澱粉		8
鹽		2
沙拉油		12
素叉燒肉丁		160
合計		335.5

製作叉燒餡

1 素叉燒肉切丁。

2 將其他材料備好，加入水一起拌勻。

製作麵皮

3 以中小火燒熱鍋，倒入沙拉油加熱至中油溫，倒入流程 2 煮至黏稠，熄火。

4 加入肉丁拌勻，放涼，即成叉燒餡。

5 將麵皮材料中除了泡打粉之外的材料，全部倒入攪拌缸中，加入水。

6 以 1 檔（慢速）攪打至呈有彈性的麵團，進行基本發酵 30 ～ 60 分鐘。

7 加入泡打粉，把麵團切成小塊。

★基本發酵之後再加入泡打粉攪打，蒸製後包子皮才能有力地爆開，出現漂亮的裂痕，

8 將小塊麵團與泡打粉再次拌勻。

9 鬆弛 10 分鐘，再次將麵團攪打至光滑。

10 以切麵刀分割成 10 等分的小麵團。

麵團滾圓、擀皮

11 將麵團拍扁，每一邊的麵團往中間摺，壓一下。

12 再壓摺。

13 再壓摺，即成圖中的狀態。

14 再壓摺。

15 用手掌側邊將麵團往中間收口。

16 麵團滾圓後的樣子。

包餡、蒸熟

17 將小麵團擀成圓平片。

18 取 30 公克內餡放在皮中間，左手按住內餡，右手將麵皮摺一個摺，捏緊。

19 左手大拇指一邊把叉燒餡壓入包子裡，右手持續摺並且捏緊。

20 摺、捏緊,持續收緊包子皮,直到快變成包子形狀。

21 中間扭緊,成為一個包子。

22 包好後,墊在包子紙上面。

23 將包子排入蒸籠中,最後發酵 5 ~ 10 分鐘。等蒸籠底鍋的水煮滾,上籠,以大火蒸約 10 分鐘至熟即可。

 **小祕訣**

1. 叉燒包的皮要厚,所以不能擀成中間厚、邊緣薄,要擀成圓形均一厚度,皮要厚。

2. 叉燒包要以大火快速蒸製,才能讓包子皮的頂端裂開。

3. 製作流程 11 ~ 16 的滾圓,是中式滾圓,並非西點的滾圓方式。

上海生煎包

●成品：70 公克 生煎包 12 個

材料	%	公克/數量
●**麵皮**（每個約 40 公克）		
粉心麵粉	100	320
水	50	160
速溶酵母	1.2	3.8
細砂糖	4	12.8
合計	155.2	496.6

●烹調部分的食材不標示百分比（％）

材料	%	公克/數量
●**內餡**（每個約 30 公克）		
素火腿		30
皮絲		30
豆薯		20
胡蘿蔔		20
香菇		20
芹菜		20
去水高麗菜		200
太白粉		14
●**調味料**		
鹽		2
味精		2
素蠔油		6
香麻油		10
薑油		10
合計		384
●**裝飾**		
熟白芝麻粒		適量
芹菜末、香菜末		適量

製 作 流 程

製作內餡

1 素火腿切丁；皮絲浸泡熱水至軟，洗淨後擠乾水分，切小丁。

2 香菇泡軟後擠乾水分，切小丁；芹菜切小丁。

3 豆薯、胡蘿蔔削皮後切小丁。

4 高麗菜切小片，加入些許鹽（材料量之外）搓抓使出水，再放入網中擠乾水分。

5 鍋燒熱，倒入少許油，放入高麗菜、素火腿、香菇、皮絲、豆薯和胡蘿蔔炒香，放涼，加入鹽、味精混合。

6 加入素蠔油拌勻，再加入芹菜拌勻。

7 加入薑油、香麻油拌勻，再加入太白粉拌勻，即成內餡。放入冰箱冷藏，包餡時再取出。

製作麵皮

8 將麵皮的所有材料，全部倒入攪拌缸中，加入水。

9 以1檔（慢速）攪打至有彈性的麵團，進行基本發酵30～60分鐘。

10 第二次攪打至呈光滑的麵團。

整型、分割

11 以壓麵機壓成或手擀成表面光滑的長方形麵皮。

12 從靠近自己這邊，往上捲緊，避免捲入空氣。

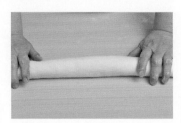

13 捲成長條形。

擀皮、包餡

14 以手拽成，或以切麵刀分割成12等分的小麵團。

15 用手掌根部（拇指下方）壓平，蓋上塑膠袋，鬆弛約5～10分鐘。

16 以擀麵棍擀成中間厚、邊緣薄的麵皮。

17 完成直徑約8公分的麵皮。

18 取30公克內餡放在皮中間，左手按住內餡，右手將麵皮摺一個摺，捏緊。

19 左手大拇指一邊把內餡壓入包子裡，右手持續摺並且捏緊。

20 摺、捏緊，持續收緊包子皮，直到快變成包子形狀，中間扭緊，成為一個包子。

★最後一摺麵皮和第一摺麵皮捏緊，中間形成一個小圓洞。

21 煎包排好，蓋上塑膠袋，最後發酵 15 ～ 20 分鐘。

煎熟

22 平底鍋燒熱，倒入些許沙拉油，排入煎包，煎至煎包的底部有些金黃色。

23 倒入麵粉水（材料量之外）至煎包的二分之一高度。
★麵粉水的比例是水 20：麵粉 1。

24 撒些熟白芝麻、芹菜末和香菜末。

25 等底部的麵粉水收乾，底部的皮呈金黃色即成（約10 分鐘）。

 **小祕訣**

將煎包排入平底鍋時，每個煎包之間要留一些空隙，以免煎好之後黏在一起，取出時容易破掉。

明倫蛋餅

●成品：蛋餅 8 份

材料	%	公克/數量
●淋餅皮（每張約 40 公克）		
粉心麵粉	80	160
樹薯澱粉	20	40
冷水	150	300
全蛋	200	400
鹽	2	4
芹菜、香菜末	20	40
合計	472	944
●蛋皮		
雞蛋		8 個
●配料		
素火腿		適量
素鬆		適量
●淋醬		
素蠔油		適量
醬油膏		適量
水		適量

●烹調部分的食材不標示百分比（％）

製作流程

製作淋餅皮

1 粉心麵粉、樹薯澱粉混合過篩，倒入鋼盆中。

2 將冷水、全蛋和鹽拌勻。

3 將拌好的蛋液倒入粉盆中。

4 用打蛋器沿著鋼盆壁，一邊轉動鋼盆，一邊左右摩擦盆壁攪拌。

★要一點一點，一區一區分段攪拌，如果有小粉粒，可以鬆弛一下再繼續摩擦盆壁攪拌。

5 攪拌至沒有粉粒的麵糊，包上保鮮膜，鬆弛約30分鐘。

6 加入芹菜末、香菜末拌勻。

煎淋餅皮

7 將 10 吋的平底鍋燒熱，鍋面擦上少許油，舀 1 大湯勺麵糊至平底鍋中間，繞成厚薄均勻的餅皮。

8 用手指碰觸一下餅皮的中間，若不黏手，可移動，代表餅皮煎好了。

9 將煎好的餅皮小心滑出，放在平盤上。

煎蛋餅、組合

10 鍋燒熱，倒入少許油，放入素火腿條煎香。

11 將蛋液拌勻。平底鍋燒熱，倒入 1 大匙沙拉油，熄火，倒入蛋液。

12 等蛋液攤平，稍微凝固。

13 排入煎過的素火腿條或素鬆。

14 蓋上剛才煎好的淋餅皮，再開火把蛋液煎熟。

15 用夾子把整個蛋餅翻面。

16 以夾子、筷子輔助，把蛋餅慢慢捲摺。

17 捲成長條狀。

18 最後以筷子壓一下定型，起鍋。將素蠔油、醬油膏和水拌勻成淋醬，淋上食用

小祕訣

1. 製作流程 13 排入素火腿後，在蛋液尚未完全凝固前，要先蓋上淋餅皮，再把蛋液煎熟，這樣才能使所有材料合而為一。
2. 製作淋餅皮時，為了怕餅皮破掉，可以先準備好一個大平盤，將煎好的淋餅皮順勢滑入盤中。
3. 也可以用素鬆取代素火腿條，製作不同口味的蛋餅。

海苔芝麻香酥棒

●成品：香酥棒 12 條

材料	％ 公克 / 數量
●外皮	
市售餛飩皮（12×12 公分）	12 張
●內餡	
蛋皮（10×11公分）	12 張
海苔片（10×11公分）	12 片
四季豆	100
金針菇	100
香菜	20
美乃滋	適量
九層塔鹽	適量
白芝麻粒	45
黑芝麻粒	15
麵糊	適量

●烹調部分的食材不標示百分比（％）

製作流程

煎蛋皮

1 平底鍋燒熱，鍋面擦上少許油。

2 以湯匙舀入蛋液。

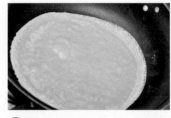

3 手握鍋柄搖轉平底鍋，使蛋液平均鋪於鍋面，並且厚薄均勻。

4 煎至蛋皮邊緣翹起，用手抓住邊緣，將蛋皮翻面。

5 翻面煎至蛋皮可滑動，表示熟了。

準備內餡、包好

6 四季豆放入滾水中氽燙一下，擦乾水分；金針菇分成 12 小束。

7 香菜切細末。

8 白芝麻粒、黑芝麻粒混合。

組合

9 將餛飩皮、蛋皮和海苔片都切成 10×11 公分。

10 取一張餛飩皮，排上一張蛋皮，然後再排上一張海苔片。

11 鋪上四季豆、金針菇。

12 加入香菜、九層塔鹽。

13 擠入美乃滋。

14 由下往上捲起。

15 邊緣抹些麵糊，黏起成一長條。

16 兩端修邊，使平整。

17 兩端先沾裹麵糊。

18 沾上黑白芝麻粒。

19 兩端都沾裹好黑白芝麻粒的樣子。

油炸

20 備一鍋熱油，加熱至約160℃，放入製作流程19炸至呈金黃色即成。

🎯 小祕訣

如果使用芥末口味的海苔片，就可以不加入九層塔鹽。

月亮蝦餅

● 成品：月亮蝦餅 8 個

材料	% 公克／數量
● 蝦餅皮	
市售春捲皮	16 張
● 夾餡	
馬鈴薯	600
杏鮑菇	170
胡蘿蔔	60
素蟹肉蝦球	70
豆薯	120
毛豆	60
白木耳	100
香菜梗	12
● 調味料	
鹽	3.5
黑胡椒粉	2.5
味精	1.5
細砂糖	1.5
玉米粉	15
沙拉油	15
合計	1231
● 泰式醬汁	
新鮮香茅	1 支
檸檬葉	3 片
水	250
辣椒末	1 支
果糖	3 大匙
鹽	1 小匙
檸檬汁	3 大匙
太白粉	1 大匙
香菜梗	適量

● 烹調部分的食材不標示百分比（％）

製作流程

製作夾餡

1 馬鈴薯、胡蘿蔔削皮後切小丁。馬鈴薯蒸熟,壓成泥。

2 毛豆放入滾水中氽燙;素蟹肉蝦球放入滾水中氽燙,切小塊。

3 豆薯削皮後切丁,放入滾水中氽燙。

4 杏鮑菇切丁,放入鍋中炒香。

5 白木耳泡水浸發,洗淨,煮軟後切小塊。

6 香菜梗切成細末。

7 將胡蘿蔔、豆薯、蝦球、毛豆和杏鮑菇、白木耳以調理機打成泥,放入容器中。

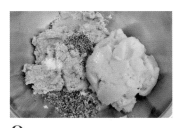

8 放入馬鈴薯泥,加入鹽、味精、黑胡椒粉和玉米粉拌成泥。

9 加入香菜梗拌勻,即成夾餡。

組合蝦餅

10 取兩張春捲皮先疊起,對摺再對摺,成為四分之一圓,再修剪邊緣的皮。

11 打開成一個圓形,兩張春捲皮都在整個表面塗抹麵糊。

★春捲皮粗糙面朝內,平滑面朝外。此外,麵糊的比例是水5:麵粉1。

56

12 先取一張春捲皮，舀入約 150 公克夾餡，以湯匙背抹平、抹勻。

13 蓋上另一片塗抹麵糊的春捲皮，對準貼合。

14 以湯匙背將兩張皮壓緊實。

15 春捲皮邊緣也要黏緊。

16 用刀尖戳幾個洞。
★在春捲皮表面戳幾個洞，可避免油煎時，蝦餅膨起。

煎熟蝦餅

17 平底鍋燒熱，倒入適量沙拉油，放入蝦餅，以中小火煎至餡料熟，表皮金黃酥脆。

製作泰式醬汁

18 新鮮香茅切片，和檸檬葉、水倒入鍋中煮滾，撈出香茅、檸檬葉，過濾汁液。

19 加入辣椒末、果糖、鹽，以中小火煮滾，再加入檸檬汁，勾芡，加入香菜梗，即成泰式醬汁。

20 月亮蝦餅可搭配泰式醬汁食用。

小祕訣

豆薯又叫涼薯、洋地瓜，清脆多汁，用來製作蝦餅餡，更添口感。

京醬素絲捲餅

●成品：素絲捲餅10 片

材料	%	公克/數量
●荷葉餅皮（每片約25公克）		
・麵團		
粉心麵粉	100	150
沸水	45	67.5
冷水	25	37.5
合計	170	255
・油酥		
沙拉油		5
粉心麵粉		5

●烹調部分的食材不標示百分比（％）

材料	%	公克/數量
●內餡 1		
胡蘿蔔絲		100
小黃瓜絲		100
木耳絲		30
●內餡 2		
覆水素肉絲		160
沙拉油		40
太白粉水		45
水		適量
●調味料		
甜麵醬		20
醬油		20
細砂糖		20

製作流程

製作餅皮

1 將麵粉倒入攪拌盆中，沖入沸水（100℃）。

2 以小擀麵棍順時鐘方向，攪拌至水分被吸收的鬆散小麵片狀（絮狀）。

3 加入冷水，以小擀麵棍繼續攪拌。

4 攪拌成團。

5 麵團移至工作檯上，用刮板按壓成整齊的形狀。

6 用刮板切成數條長條麵團。

7 置於工作檯上冷卻，因為麵團仍有水氣，所以不需蓋保鮮膜、塑膠袋。

8 冷卻麵團的過程中，要以刮板將長條麵團翻面。

9 燙得好的麵團是以手指按下去，不會彈起來的狀態。

10 用手揉或機器（鉤狀攪拌器），將冷卻好的麵團攪拌成光滑麵團。

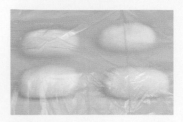

11 蓋上塑膠袋，鬆弛10～15分鐘。

12 將麵團分割成每個25公克的麵團，一共10個，滾圓，鬆弛約15分鐘。

13 將每一個麵團滾圓。

14 將沙拉油、麵粉混勻成油酥。

15 工作檯撒點麵粉，取兩個麵團，其中一個麵團沾裹油酥。

16 疊壓在另一個麵團上。

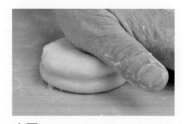

17 壓成扁圓，形成馬卡龍狀的麵團，鬆弛10分鐘以上。

烙餅皮

18 將麵團擀成直徑約18公分，厚約0.5公分的圓形麵皮。
★擀的時候如果麵皮會回彈，可以先鬆弛再擀，分次擀到18公分即可。

19 平底鍋燒熱，不放油，以中小火烙至餅皮稍微起泡，翻面，再烙至餅皮鼓起，有些許金黃色。

20 趁熱將餅皮在桌上甩幾下，再將餅皮撕開成兩張。

21 分別摺成四分之一圓片。

製作內餡 1

22 木耳泡軟切絲，放入鍋中稍微炒一下。

23 胡蘿蔔削皮後切絲；小黃瓜切絲。

製作內餡 2

24 素肉絲拌入少許醬油（材料量之外）。鍋燒熱，倒入沙拉油，放入素肉絲炒熟，取出。

25 原鍋加入甜麵醬、醬油和細砂糖，加入適量水調整濃度，倒入太白粉水勾芡。

26 加入素肉絲拌勻。

組合

27 取一張餅皮，鋪上適量的內餡 1、內餡 2。

28 餅皮由靠自己這邊往上捲。

29 右邊的餅皮摺入。

30 內餡連餅皮由下往上捲到底即成。

小祕訣

好的醬油可以讓這道捲餅更美味！這裡使用了豆油伯長銷款「甘田」醬油為基底，使用台灣契作的非基改黃豆、黑豆與小麥，整顆原豆進行釀造，原汁未稀釋，保留薄鹽特色、加入紅麴元素，沾、拌食及滷煮皆為料理首選，很適合用來烹調傳統台式，以及各種料理。

香椿油餅

●成品：110 公克油餅 10 片

材料	％	公克／數量
●餅皮（每個約 100 公克）		
粉心麵粉	100	600
沸水	50	300
冷水	24	144
合計	174	1044
●內餡（每個約 10 公克）		
香椿醬	10	60
沙拉油	5	30
香菜末		適量
●調味料		
胡椒粉	0.5	3
鹽	1.5	9
味精	0.5	3
合計	17.5	105

●烹調部分的食材不標示百分比（％）

製 作 流 程

製作餅皮

1 參照 p.59 製作流程 1 ～ 10，攪拌成光滑麵團。

製作香椿油餅

2 將麵團分割成每個 100 公克的麵團，一共 10 個，蓋上塑膠袋，鬆弛 5～10 分鐘。

3 滾圓，蓋上塑膠袋，再鬆弛約 30 分鐘。

4 將麵團都擀成長方形麵皮。

整型、分割

5 麵皮刷上沙拉油（上、下、左邊緣 0.5～1 公分處不刷）。

6 撒上鹽、味精和胡椒粉，抹上香椿醬，鋪些香菜末。

7 麵皮從下往上，捲成長條形。

8 用手稍微壓一下，蓋上塑膠袋，鬆弛約 15 分鐘。

9 長條形麵皮從兩端往中間捲起。

10 右手將小的卷往下壓。

11 左手大的卷交疊蓋在小的卷上。

12 麵團壓扁，稍微鬆弛，再擀成直徑約 15 公分、厚約 1 公分的圓片。

煎香椿油餅

13 平底鍋燒熱，倒入少許沙拉油，放入油餅，以中火煎至餅皮兩面呈金黃色即成。

菠菜盒子

●成品：80 公克菠菜盒子 10 個

材料	%	公克／數量
●餅皮（每個約 40 公克）		
粉心麵粉	100	250
沸水	50	125
冷水	20	50
合計	170	425

●烹調部分的食材不標示百分比（％）

材料	%	公克／數量
●餡料（每個約 40 公克）		
脫水菠菜		180
豆乾		20
粉絲（泡水）		54
香菇		25
小麥蛋白		65
豆薯		15
素火腿		40
薑末		6
●調味料		
鹽		2.5
味精		2
細砂糖		4
香油		14
太白粉		1 大匙
合計		427.5

製作內餡

1 菠菜洗淨，放入滾水中汆燙一下，取出充分擠乾水分，切小段。

2 豆乾放入滾水中汆燙，切小丁。

3 粉絲浸泡熱水至軟，切（剪）小段。

4 香菇泡軟後擠乾水分，切丁，和粉絲段一起備妥。

5 小麥蛋白浸泡熱水至軟，切小丁，稍微以醬油調味。

6 將油倒入鍋中燒熱（約160℃），放入小麥蛋白過油，取出。

7 豆薯削皮後切小丁。

8 素火腿切小丁。

9 將薑末、豆乾、香菇、小麥蛋白和豆薯、素火腿炒香,倒入鋼盆中,加入菠菜、粉絲,以及鹽、味精和糖拌勻,放涼。

10 加入太白粉、香油拌勻,即成內餡。

11 將麵粉倒入攪拌盆中,沖入沸水(100℃)。

12 以小擀麵棍順時鐘方向攪拌。

13 攪拌至水分被吸收的鬆散小麵片狀(絮狀)。

14 加入冷水,以小擀麵棍繼續攪拌。

15 攪拌成團狀。

16 麵團移至工作檯上,用刮板按壓成整齊的形狀。

17 用刮板切成數條長條麵團。

18 置於工作檯上冷卻,因為麵團仍有水氣,所以不需蓋保鮮膜、塑膠袋。

19 冷卻麵團的過程中,要以刮板將長條麵團翻面,使其降溫。

20 燙得好的麵團是以手指按下去,不會彈起來的狀態。

21 用手揉或使用機器（鉤狀攪拌器），將冷卻好的麵團攪拌成光滑的麵團。

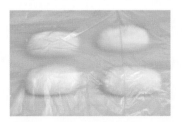

22 蓋上塑膠袋，鬆弛 10～15 分鐘。

23 將麵團分割成每個 40 公克的麵團，一共 10 個，滾圓，鬆弛約 15 分鐘。

包餡

24 將麵團都擀成薄的圓形麵皮，直徑約 15 公分。

25 取 40 公克內餡放在餅皮中間。

26 將餅皮對摺，包成半月形。

27 將餅皮的邊緣都壓緊，以免內餡掉出來。

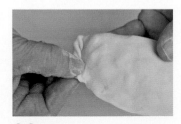

28 將邊緣的餅皮捏出絞紋。

29 繼續將餅皮邊緣都捏好。

烙菠菜盒子

30 平底鍋燒熱，倒入少許沙拉油，放入菠菜盒子，以中火加熱。

31 一面上色後翻面，烙至餡料熟，餅皮兩面呈金黃色即成。

雪菜餡餅

● 成品：80公克雪菜餡餅10個

材料	%	公克/數量
● 餅皮（每個約40公克）		
粉心麵粉	100	250
沸水	46	115
冷水	20	50
合計	166	415
● 內餡（每個約40公克）		
雪裡紅		150
去水高麗菜		150
豆乾		30
覆水香菇		18
香菜酥		14
薑末		6
● 調味料		
鹽		3
素蠔油		3
細砂糖		3
胡椒粉		2
香麻油		15
薑油		15
太白粉		15
合計		424

● 烹調部分的食材不標示百分比（%）

製作流程

製作內餡

1 雪裡紅洗淨，擠乾水分。

2 將雪裡紅切細。

3 高麗菜切小片，加入些許鹽、糖（材料量之外）搓抓使出水，再放入網袋中擠乾水分。

4 豆乾放入滾水中汆燙一下，切小丁。

5 香菇、豆乾炒香後倒入鋼盆中，加入雪裡紅、高麗菜、香菜酥、薑末，續入太白粉之外的調味料拌勻，放涼。

6 加入太白粉拌勻，即成內餡。

製作餅皮

7 將麵粉倒入攪拌盆中，沖入沸水（100℃）。

8 以小擀麵棍順時鐘方向攪拌。

9 攪拌至水分被吸收的鬆散小麵片狀（絮狀）。

10 加入冷水，以小擀麵棍繼續攪拌。

11 攪拌成團狀。

12 麵團移至工作檯上，用刮板按壓成整齊的形狀。

13 用刮板切成數條長條麵團。

14 置於工作檯上冷卻，因為麵團仍有水氣，所以不需蓋保鮮膜、塑膠袋。

15 冷卻麵團的過程中，要以刮板將長條麵團翻面，使其降溫。

16 燙得好的麵團是以手指按下去，不會彈起來的狀態。

17 用手揉或使用機器（鉤狀攪拌器），將冷卻好的麵團攪拌成光滑麵團。

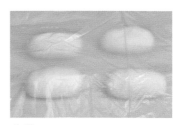

18 蓋上塑膠袋，鬆弛10 ～ 15分鐘。

19 將麵團分割成每個40公克的麵團，一共10個，滾圓，鬆弛約15分鐘。

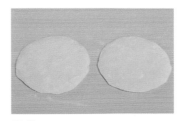

20 將麵團都擀成中間較厚，邊緣較薄的圓形麵皮，直徑約9.5公分。

★製作流程15中，將麵團翻面，可使麵團散熱、降溫。

包餡

21 取 40 公克內餡放在餅皮中間，左手大拇指按住內餡，右手將餅皮摺一個摺，捏緊。

22 重複摺、捏緊的步驟，捏緊的摺子都要一起壓緊。

23 摺、捏直到快要形成一個包子形狀。

24 中間扭緊，成為一個包子形狀，中間收口處捏緊。

25 將餅皮中間多出來的蒂頭扭斷。

26 壓成扁圓狀。

煎雪菜餡餅

27 平底鍋燒熱，倒入少許沙拉油，排入扁圓的餡餅。
★摺紋收口那一面朝上放。

28 以中小火煎至一面上色，多翻幾次面繼續煎。

29 煎至兩面都呈金黃色即成。

 **小祕訣**

也可以在餡餅表面沾一些白芝麻粒，再放入平底鍋烙熟，更增添香氣。

高麗菜豆腐捲

●成品：100公克豆腐捲10個

材料	%	公克/數量
●餅皮（每個約40公克）		
粉心麵粉	100	250
沸水	46	115
冷水	20	50
合計	166	415
●內餡（每個約60公克）		
板豆腐		210
去水高麗菜		147
黑木耳		34
粉絲		84
芹菜		42
雞蛋		59
薑末		6.3
●調味料		
鹽		6.3
味精		1.1
細砂糖		6.3
胡椒粉		4.2
香油		21
合計		621.2

●烹調部分的食材不標示百分比（％）

製作內餡

1 板豆腐切丁，放入滾水中，加入些許鹽（材料量之外）汆燙一下，取出過油。

2 高麗菜切小片，加入些許鹽、糖（材料量之外）搓抓使出水，再放入網袋中擠乾水分。

3 黑木耳放入滾水中汆燙，切小丁。

4 粉絲浸泡熱水至軟，切（剪）小段。

5 芹菜切細末。

6 鍋燒熱，倒入適量油，打入雞蛋煎成蛋碎。

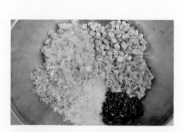

7 將處理好的所有食材倒入鋼盆中，加入鹽、細砂糖、味精、胡椒粉和薑末拌勻。

8 加入香油拌勻，即成內餡。

製作餅皮

9 參照 p.59 製作流程 1～10，攪拌成光滑麵團。

73

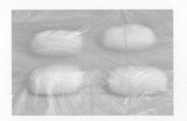

10 蓋上塑膠袋，鬆弛
10～15分鐘。

11 將麵團分割成每個40
公克的麵團，一共10個，
滾圓，鬆弛約15分鐘。

12 將麵團都擀成12×16
公分的長方形麵皮。

包餡

13 取一張餅皮，餅皮上
半部抹水。

14 包入60公克內餡。

15 將下方餅皮（靠近自
己）由下往上捲起，到內餡
的一半。

16 將上方的餅皮往下摺
到下方餅皮的一半。

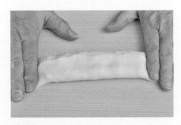

17 左右兩端的餅皮壓好。

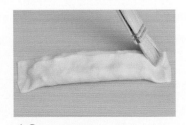

18 以毛刷刷些水。

烙餅

19 將兩端的餅皮分別往
上摺入。

20 平底鍋燒熱，不放油，
底朝上放入豆腐捲加熱。

21 表面上色後翻面，繼
續加熱，烙至兩面都呈金黃
色即成。

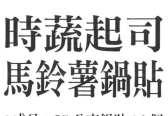
●成品：25 公克鍋貼 16 個

材料	%	公克/數量
●麵皮（每個約 10 公克）		
中筋麵粉	100	100
沸水	50	50
冷水	18	18
合計	168	168
●內餡（每個約 15 公克）		
去皮馬鈴薯		115
豆包		35
白花椰菜		23
胡蘿蔔		12
乾香菇		9
香菜梗		6
西洋芹		6
沙拉油		6
奶油		6
起司絲		35
●調味料		
鹽		2.3
味精		0.6
黑胡椒粉		0.6
合計		256.5
●麵粉水		
麵粉		10
水		200
合計		210

●烹調部分的食材不標示百
分比（％）

製作流程

製作內餡

1 馬鈴薯削皮後切片，蒸熟，加入奶油壓成泥。

2 鍋燒熱，倒入少許油，放入豆包煎香，取出切末。

3 白花椰菜分成小朵，放入滾水中燙熟，取出切丁。

4 乾香菇泡水至軟，切丁，放入鍋中乾煸香。

5 胡蘿蔔氽燙，取出切末，再放入鍋中炒香。

6 香菜梗、西洋芹都切末，混合。

7 取一半起司絲，放入鍋中煎香，然後切小丁。

8 將處理好的所有食材倒入鋼盆中，加入鹽、味精和黑胡椒粉拌勻，即成內餡。

製作麵皮

9 參照 p.59 製作流程 1～10，攪拌成光滑麵團。

10 蓋上塑膠袋，鬆弛10～15分鐘。

11 分割成每個 10 公克的小麵團。

擀皮

12 參照 p.84 製作流程 18～20 操作。

包餡

13 擀成中間較厚，邊緣較薄，直徑約 8 公分的圓片。

14 取一張餅皮，中間包入 15 公克內餡。

15 將麵皮的中間捏合。

16 兩邊也要捏合，邊緣留兩個洞。

17 鍋貼完成的樣子。

煎鍋貼

18 平底鍋燒熱，倒入少許油，排入鍋貼。

19 倒入調勻的麵粉水，至鍋貼的一半高度。

20 蓋上鍋蓋，燜煮約 8 分鐘。

21 煎至鍋中水分蒸發，鍋貼底部金黃即可起鍋。

小祕訣

煎鍋貼時，若底部煎至金黃色即可起鍋。

泡菜水餃

●成品：25 公克水餃 20 個

材料	%	公克/數量
●水餃皮（每個約 10 公克）		
粉心麵粉	100	140
紅椒汁	52	72.8
細鹽	1	1.4
合計	153	214.2

●烹調部分的食材不標示百分比（％）

材料	%	公克/數量
●內餡（每個約 15 公克）		
素韓式泡菜		84
玉米粒		28
杏鮑菇		84
素肉漿		28
百頁豆腐		28
香菜梗		28
●調味料		
鹽		1.4
味精		1
素蠔油		4
胡椒粉		1
太白粉		11
麻油		20
合計		318.4

製作內餡

1 韓式泡菜擠乾汁液，然後切細。

2 杏鮑菇剝絲，切細。將油倒入鍋中燒熱（約 160℃），放入杏鮑菇過油。

3 將素肉漿放入油鍋中過油，取出撕成細絲。

4 百頁豆腐切小粒，加入少許醬油醃一下，放入油鍋中過油。

5 香菜梗切成細末。

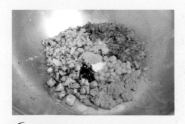

6 將處理好的所有食材、玉米粒倒入鋼盆中，加入鹽、味精、素蠔油和胡椒粉拌勻，放涼。

7 加入香菜梗、麻油拌勻。

8 最後加入太白粉拌勻，即成內餡。

製作水餃皮

9 將麵粉倒入鋼盆中，鹽和紅椒汁混合均勻後倒入。

10 以筷子順時鐘方向，攪拌至小麵片狀，再將麵團移至工作檯上，搓揉成團。

11 蓋上塑膠袋，鬆弛10～15分鐘。
★揉3次，鬆弛3次麵團。

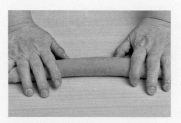

12 揉成光滑的麵團後，再揉成長條麵團。

13 蓋上塑膠袋，鬆弛5～10分鐘。

14 分割成每個10公克的小麵團，蓋上塑膠袋鬆弛一下。

15 將小麵團的切口朝上，壓扁，再鬆弛約5分鐘後開始擀。

16 左手在12點鐘方向拿著麵皮，右手先往上擀，再往下擀，此時左手仍拿著麵皮，轉向11點鐘方向。

17 反覆動作，直到擀成中間較厚，邊緣較薄，直徑約8公分的圓片。

包元寶造型水餃

18 取一張水餃皮，中間包入15公克內餡。

19 將水餃皮上下黏合。

20 一手虎口先將右邊水餃皮架著呈三角形，往上推至收口，再將左邊水餃皮上推至收口。

★右邊水餃皮完成後，先用大拇指壓好、壓緊。

21 雙手放在一起，往下壓。

22 整成可以站立的元寶形狀。

煮水餃

23 備一鍋滾水，放入水餃煮至浮起，代表熟了，撈出水餃。

 **小祕訣**

煮水餃時，水量約為水餃的 10 倍。比如 500 公克水餃，應倒入 5000 公克的水烹煮。

青江菜水餃

●成品：25 公克水餃 20 個

材料	%	公克／數量
●水餃皮（每個約 10 公克）		
粉心麵粉	100	140
冷水	50	70
細鹽	1	1.4
合計	151	211.4

●烹調部分的食材不標示百分比（％）

材料	%	公克／數量
●內餡（每個約 15 公克）		
脫水青江菜		140
生豆包		50
素肉漿		45
金針菇		50
薑末		5
●調味料		
鹽		1.4
味精		1
胡椒粉		1
太白粉		11
沙拉油		14
麻油		7
合計		325.4

製作流程

製作內餡

1 青江菜洗淨，放入滾水中汆燙一下，擠乾水分，然後切細。

2 將油倒入鍋中燒熱（約 160℃），放入生豆包炸至呈金黃色，取出切小丁。

3 素肉漿放入油鍋中過油，撕成細絲。

4 金針菇去掉根部，切末。

5 將處理好的所有食材連同薑末倒入鋼盆中。

6 加入鹽、味精和胡椒粉。

7 拌勻後放涼。

8 加入沙拉油、麻油拌勻，再加入太白粉拌勻，即成內餡。

製作水餃皮

9 將麵粉倒入鋼盆中，鹽和水混合均勻後倒入。

10 以筷子順時鐘方向，攪拌至小麵片狀，再將麵團移至工作檯上，搓揉成團。

11 蓋上塑膠袋，鬆弛10～15分鐘。
★揉3次，鬆弛3次麵團。

12 揉成光滑的麵團。

13 搓揉成長條麵團。

14 蓋上塑膠袋，鬆弛5～10分鐘。

15 分割成每個10公克的小麵團，蓋上塑膠袋鬆弛一下。

16 將小麵團的切口朝上。

17 每個麵團都壓扁。

擀麵皮

18 蓋上塑膠袋，再鬆弛約5分鐘後開始擀。

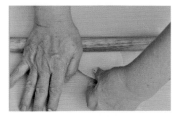

19 左手在12點鐘方向拿著麵皮，右手先往上擀，再往下擀。

20 此時左手仍拿著麵皮，轉向11點鐘方向。

包元寶造型水餃

21 反覆動作，直到擀成中間較厚，邊緣較薄，直徑約8公分的圓片。

22 取一張水餃皮，中間包入15公克內餡。

23 將水餃皮上下黏合。

24 水餃皮要壓緊。

25 一手虎口先將右邊水餃皮架著呈三角形，往上推至收口。

26 用大拇指壓好、壓緊，再將左邊水餃皮上推至收口。

27 雙手放在一起，往下壓緊。

28 整成可以站立的元寶形狀。

煮水餃

29 備一鍋滾水，放入水餃煮至浮起，代表熟了，撈出水餃。

 **小祕訣**

包水餃餡時，皮和餡的比例是皮2：餡3，不可以包得太滿，以免烹煮過程中內餡爆開。此外，下水餃前，要檢查每一個水餃都包緊實。

高麗菜水餃

●成品：25 公克水餃 20 個

材料	%	公克／數量
●水餃皮（每個約 10 公克）		
粉心麵粉	100	140
冷水	50	70
細鹽	1	1.4
合計	151	211.4
●內餡（每個約 15 公克）		
脫水高麗菜		140
皮絲		28
素肉漿		84
香菇		28
●調味料		
鹽		1.4
味精		1
胡椒粉		1
素蠔油		4
太白粉		11
沙拉油		14
麻油		7
合計		319.4

●烹調部分的食材不標示百分比（％）

製 作 流 程

製作內餡

1 高麗菜切小片,加入些許鹽、糖(材料量之外)搓抓使出水,再放入網袋中擠乾水分。

2 皮絲浸泡熱水至軟,洗淨後擠乾水分,切絲。

3 素肉漿過油,撕成細絲。

4 香菇切末,和皮絲一起放入炒鍋中炒香。

5 將處理好的所有食材倒入鋼盆中,加入鹽、味精、胡椒粉和素蠔油拌勻,放涼。

6 加入沙拉油、麻油拌勻。

7 加入太白粉拌勻,即成內餡。

製作水餃皮

8 參照 p.84 製作流程 9〜20,完成直徑約 8 公分的圓片。

包元寶造型水餃

9 取一張水餃皮,中間包入 15 公克內餡,將水餃皮上下黏合。

10 一手虎口先將右邊水餃皮架著呈三角形,往上推至收口,再將左邊水餃皮上推至收口。

煮水餃

11 雙手放在一起,往下壓緊,整成可以站立的元寶形狀。

12 備一鍋滾水,放入水餃煮至浮起,代表熟了,撈出水餃。

香根辣味皮蛋煎餃

●成品：25 公克煎餃 20 個

材料	%	公克/數量
●煎餃皮（每個約 10 公克）		
粉心麵粉	100	130
沸水	50	65
冷水	20	26
合計	170	221

●烹調部分的食材不標示百分比（％）

材料	%	公克/數量
●內餡（每個約 15 公克）		
雞蛋皮蛋		130
杏鮑菇		55
大順燉肉		50
薑末		6.5
粗辣椒粉		2
香菜		55
●調味料		
鹽		2
味精		2
醬油膏		4
素蠔油		4
麻油		15
太白粉		15
合計		340.5
●麵粉水		
粉心麵粉	5	10
冷水	100	200

製作流程

製作內餡

1 雞蛋皮蛋煮熟後剝殼，切丁，沾裹乾粉，放入油鍋中過油。
★取適量馬鈴薯粉、地瓜粉混合成乾粉使用。

2 杏鮑菇切丁，放入油鍋中過油。

3 燉肉切丁，放入油鍋中過油。

4 香菜切小段。

5 鍋燒熱，倒入適量油，放入薑末、粗辣椒粉爆香，續入杏鮑菇、燉肉拌炒。

6 加入鹽、味精、素蠔油和醬油膏拌炒，加入雞蛋皮蛋拌勻，放涼。

7 加入香菜、麻油。

8 加入太白粉拌勻，即成內餡。

製作煎餃皮

9 將麵粉倒入鋼盆中，沖入沸水。

10 以順時鐘方向，攪拌至小麵片狀（絮狀），即看不到乾粉即可。

11 加入冷水，以小擀麵棍繼續攪拌成團狀。
★迅速攪拌成團，麵團表面會有些許粗糙。

12 將麵團移至工作檯上，用刮板按壓成整齊的形狀。

13 用刮板切成數條麵團。

14 置於工作檯上冷卻，因為仍有水氣，所以不需蓋保鮮膜、塑膠袋。

15 在冷卻麵團的過程中，以刮板將長條麵團翻面，使其降溫。

★燙得好的麵團是以手指按下去，不會彈起來的狀態。

16 用手揉或機器將冷卻好的麵團，攪拌成光滑麵團，整成長橢圓狀，蓋上塑膠袋，鬆弛 10 ～ 15 分鐘。

17 搓成長條形，蓋上塑膠袋，鬆弛 5 ～ 10 分鐘。

18 分割成每個 10 公克的小麵團。

19 將小麵團的切口朝上，壓扁，蓋上塑膠袋，再鬆弛約 5 分鐘後開始擀。

包元寶造型煎餃

20 左手在 12 點鐘方向拿著麵皮，右手先往上擀，再往下擀，此時左手仍拿著麵皮，轉向 11 點鐘方向。

21 反覆動作，直到擀成中間較厚，邊緣較薄，直徑約 8 公分的圓片。

22 取一張煎餃皮，中間包入 15 公克內餡。

23 將煎餃皮上下黏合。

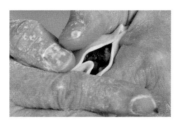

24 一手虎口先將右邊煎餃皮架著呈三角形，往上推至收口，再將左邊煎餃皮上推至收口。
★右邊煎餃皮完成後，先用大拇指壓好、壓緊。

25 雙手放在一起，往下壓，整成可以站立的元寶形狀。

烹調煎餃

26 平底鍋燒熱，倒入少許沙拉油，整齊地排放煎餃，煎至底部上色。

27 倒入調勻的麵粉水，至煎餃的一半高度。

28 蓋上鍋蓋，燜煮約 8 分鐘。

29 煎至鍋中水分蒸發，煎餃底部金黃色即可起鍋。

小祕訣

1. 皮蛋沾裹乾粉時，可以搖一搖，使皮蛋能均勻沾到。
2. 煮皮蛋時，將皮蛋放入冷水鍋中，煮至水滾之後，計時 5～6 分鐘，熄火，於鍋中靜置約 3 分鐘，再取出泡冷水降溫，剝殼。切割時，刀子要抹水後再切。

素蒸餃

●成品：25 公克蒸餃 16 個

材料	%	公克/數量
● 蒸餃皮（每個約 10 公克）		
中筋麵粉	100	100
沸水	50	50
冷水	18	18
合計	168	168
● 內餡（每個約 15 公克）		
生豆包		63
去水小松菜		125
胡蘿蔔		25
香菇		20
薑末		6
沙拉油		10
● 調味料		
鹽		2
胡椒粉		0.6
味精		1.3
細砂糖		2.5
醬油膏		4
香油		6
合計		265

●烹調部分的食材不標示百分比（％）

製 作 流 程

製作內餡

1 將油倒入鍋中燒熱（約160℃），放入生豆包炸至呈金黃色，取出切小丁。

2 小松菜洗淨，放入滾水中汆燙一下，取出充分擠乾水分，切小粒。

3 胡蘿蔔削皮後切小丁。

4 香菇切小丁。鍋燒熱，倒入香菇、薑末炒香。

整型、分割

5 將處理好的所有食材倒入鋼盆中，加入鹽、味精、細砂糖、胡椒粉和醬油膏拌匀。

6 加入香油拌匀，再加入太白粉拌匀，即成內餡。

製作蒸餃皮

7 參照 p.90 製作流程 9～21，擀成中間較厚，邊緣較薄，直徑約 8 公分的圓片。

包月牙造型蒸餃

8 取一張蒸餃皮，中間包入 15 公克內餡，餃皮中間黏合，右側餃皮捏一個摺。

9 右手將前半圓皮一摺連一摺。

10 將皮捏緊成半圓形的蒸餃。

烹調蒸餃

11 完成月牙形的蒸餃。

12 蒸籠墊上烘烤紙，排入蒸餃。

13 蒸籠底鍋水煮滾，以大火蒸 6～7 分鐘至熟即成。

塔香鮑菇燒賣

●成品：42 公克燒賣 16 個

材料	%	公克 / 數量
●燒賣皮（每個約 12 公克）		
粉心麵粉	80	96
紫薯粉	20	24
沸水	50	60
冷水	20	24
合計	170	204

●烹調部分的食材不標示百分比（％）

材料	%	公克 / 數量
●內餡（每個約 30 公克）		
山藥		84
紅甜椒		24
芹菜		24
九層塔		36
薑末		7
杏鮑菇		240
豆薯		72
●調味料		
胡椒粉		1.2
鹽		2.4
味精		1
素蠔油		7
合計		498.6

製作流程

製作內餡

1 山藥削皮後切片，蒸熟，稍微調味後壓成泥。

2 紅甜椒、芹菜、九層塔都切末。

3 杏鮑菇、豆薯切丁。將油倒入鍋中燒熱（約 160℃），放入杏鮑菇、豆薯過油。

4 鍋燒熱，倒入少許油，放入薑末、杏鮑菇和豆薯拌炒。將處理好的所有食材倒入鋼盆中。

5 加入鹽、味精、胡椒粉和素蠔油拌勻，即成內餡。

製作燒賣皮

6 將麵粉、紫薯粉倒入鋼盆中。

7 沖入沸水。

8 以順時鐘方向，攪拌至小麵片狀（絮狀），即看不到乾粉即可。

製作燒賣皮

9 加入冷水，以小擀麵棍攪拌。

10 攪拌成團狀。

11 將麵團移至工作檯上，用刮刀按壓成整齊的形狀，切成數條麵團，冷卻。
★置於工作檯上冷卻，因為仍有水氣，所以不需蓋保鮮膜。

12 用手揉或機器，將冷卻好的麵團攪拌成光滑麵團，搓揉成圓球狀。

13 將鬆弛成光滑的麵團擀成長方形麵皮，鬆弛 10 ～ 15 分鐘。

14 捲成長條麵團。

15 分割成每個 12 公克的小麵團。

16 將小麵團的切口朝上，壓扁，覆蓋保鮮膜，再鬆弛約 5 分鐘後開始擀。

17 參照 p.91 製作流程 20 ～ 21，直到擀成中間較厚，邊緣較薄，直徑約 8 公分的圓片。

包燒賣

18 取一張燒賣皮，中間包入 30 公克內餡。

19 以虎口握住燒賣皮，包餡匙輔助，往內稍微收口。

20 用包餡匙將內餡壓平、緊實。

烹調燒賣

21 整型成上細下胖的白菜形狀。

22 整型完成的樣子。

23 蒸籠墊上蒸烤紙,排入燒賣。

24 蒸籠底鍋的水煮滾,以大火蒸約 6 分鐘至熟即成。

小祕訣

做好的內餡如果沒有立刻使用,要包上保鮮膜,先放入冰箱冷藏。

松露燒賣

●成品：42 公克燒賣 16 個

材料	%	公克/數量
●燒賣皮（每個約 12 公克）		
粉心麵粉	100	130
沸水	50	65
冷水	20	26
合計	170	221
●內餡（每個約 30 公克）		
馬鈴薯		140
杏鮑菇		205
豆薯		68
貢菜		34
奶油（牛奶）		23
●調味料		
鹽		2.5
味精		1.2
細黑胡椒粉		1.2
松露醬		11
●裝飾		
紅甜椒粒		23
玉米粒		23
松露醬		45
合計		576.9

●烹調部分的食材不標示百分比（％）

製作流程

製作內餡

1 馬鈴薯削皮後切片，蒸熟，趁熱加入奶油，以及鹽、味精、黑胡椒粉和松露醬壓成泥。

2 貢菜泡水至軟，洗淨，切末。

3 杏鮑菇、豆薯切丁。將油倒入鍋中燒熱（約160℃），放入杏鮑菇、豆薯過油。

4 貢菜放入油鍋中過油，取出放涼。將杏鮑菇、豆薯和貢菜放入容器中。

5 將處理好的所有食材倒入鋼盆中拌勻，即成內餡。

製作燒賣皮

6 將麵粉倒入鋼盆中，沖入沸水，參照 p.90 的製作流程 9~19，做好小麵團。

包燒賣

7 參照 p.91 製作流程 20～21，擀成中間較厚，邊緣較薄，直徑約 8 公分的圓片。

8 取一張燒賣皮，中間包入 30 公克內餡。

9 右手持包餡匙頂住餡料，翻過來，用虎口捏著。

烹調燒賣

10 左手握住燒賣，整型成上細下胖的白菜形狀。

11 內餡上放玉米粒、紅甜椒粒和松露醬。

12 蒸籠墊上蒸烤紙，排入燒賣。蒸籠底鍋的水煮滾，上籠，以大火蒸約 6～7 分鐘至熟即成。

玫瑰花蒸餃

●成品：100 公克蒸餃 4 個

材料	%	公克/數量
●蒸餃皮（每個約 10 公克）		
粉心麵粉	90	117
南瓜粉	10	13
沸水	50	65
冷水	18	23
合計	168	218

●烹調部分的食材不標示百分比（％）

材料	%	公克/數量
●內餡（每個約 50 公克）		
生豆包		50
去水小松菜		100
胡蘿蔔		20
香菇		15
薑末		6
沙拉油		10
●調味料		
鹽		1.5
味精		1
細砂糖		2
胡椒粉		0.6
醬油膏		3
香油		5
合計		214

製作內餡

1 將油倒入鍋中燒熱（約 160℃），放入生豆包炸至呈金黃色，取出切小丁。

2 小松菜洗淨，放入滾水中汆燙一下，取出充分擠乾水分，切小粒。

3 胡蘿蔔削皮後切小丁。

4 香菇切小丁。鍋燒熱，倒入香菇、薑末炒香。

5 將處理好的所有食材倒入鋼盆中，加入鹽、味精、細砂糖、胡椒粉和醬油膏拌勻。

製作蒸餃皮

6 加入香油拌勻，即成內餡。

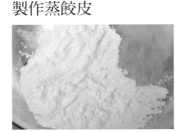

7 將麵粉、南瓜粉倒入鋼盆中。

8 沖入沸水。

9 以順時鐘方向，攪拌至小麵片狀（絮狀），即看不到乾粉即可。

10 加入冷水，以小擀麵棍攪拌。

11 攪拌成團狀。

12 麵團移至工作檯上，用刮刀按壓成整齊的形狀，切成數條麵團，冷卻。
★置於工作檯上冷卻，因為仍有水氣，所以不需蓋保鮮膜。

13 將冷卻好的麵團用手揉成光滑麵團，再揉成長橢圓球狀，鬆弛 5 分鐘。

14 將鬆弛成光滑的麵團，搓揉成長條麵團。

15 蓋上塑膠袋，鬆弛 10 ～ 15 分鐘。

16 分割成每個 10 公克的小麵團。

17 參照 p.91 製作流程 20 ～ 21，直到擀成中間較厚，邊緣較薄，直徑約 8 公分的圓片。

包玫瑰花蒸餃

18 取 5 張蒸餃皮，將皮部分重疊，排列成一排。

19 在兩片蒸餃皮的交接處刷些許水，使皮能黏合，不會破掉。

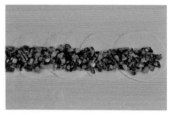

20 取 50 公克內餡，放入平均鋪於蒸餃皮的上段。

21 將蒸餃皮由下往上對摺成半圓形。

22 蒸餃皮對摺好的樣子。

23 拉起一端的蒸餃皮。

24 慢慢往另一端捲起，使成玫瑰花的造型。

25 快捲到最底端時，在蒸餃皮的邊緣抹些許水。

26 將蒸餃皮黏合。

烹調玫瑰花蒸餃

27 整型完成的樣子。

28 蒸籠墊上蒸烤紙，排入玫瑰花蒸餃。

29 蒸籠底鍋的水煮滾，上籠，以大火蒸 6～8 分鐘至熟即成。

小祕訣

製作流程 19 和 25 中，刷水要將蒸餃皮黏緊，能避免玫瑰花蒸餃斷裂，成品品項優美。

PART 2

米食、小吃
和烘烤類

這裡介紹米食、小吃和烘烤類點心。

米食類有造型可愛的南瓜糕、低熱量的健康壽司、異國風味的生春捲等；

小吃類則包括餡香皮Q的素肉圓、吃不膩的素碗粿等；

烘烤類則有夜市必吃的胡椒餅、香酥可口的咖哩餃等。

這些點心也許很常見，但因作者的黃金配方，讓美味更加乘。

南瓜糕

●成品：60 公克南瓜糕 10 個

材料	%	公克/數量
●米糰（每個約 40 公克）		
南瓜泥	75	173
糯米粉	100	230
細砂糖	10	23
抹茶粉		少許
合計	185	426

●烹調部分的食材不標示百分比（％）

材料	%	公克/數量
●內餡（每個約 20 公克）		
竹筍		116
覆水香菇		27
醃漬大頭菜		3
豆乾		23
素火腿		23
貢菜丁		20
芹菜末		10
香菜末		5
沙拉油		6
●調味料		
味精		0.8
細砂糖		2.5
鹽		1.5
胡椒粉		0.4
素蠔油		1.5
香油		6
合計		245.7

製 作 流 程

製作內餡

1 竹筍、香菇、大頭菜、豆乾、素火腿切小丁，放入油鍋中過油，取出放入容器中。

2 加入貢菜丁、芹菜末和香菜末混合，加入香油、沙拉油拌勻，再加入調味料拌勻，即成內餡。

製作米糰

3 南瓜削除外皮，取出囊、籽，蒸熟。

4 壓成南瓜泥放入容器中，趁熱加入糯米粉、糖。

5 手揉成米糰。

6 分割成每個 40 公克的小米糰，共 10 個，滾圓。

7 取少許米糰，加入抹茶粉，揉成綠色的米糰，當作蒂頭。

組合

8 取一個小米糰，用手掌略壓平，整型成扁圓形，包入內餡。

9 一手拇指按壓內餡，一手慢慢收口。

10 繼續聚攏邊緣收口，擠出空氣。

11 整成一個圓球形狀。

12 以切割刀在圓球米糰的表面，如圖畫上3條刻痕。

13 使表面成為6等分。

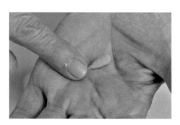

14 取少許綠色米糰，搓揉成水滴狀的蒂頭。

15 用牙籤在圓球米糰上戳一個洞。

16 將水滴狀蒂頭放入洞中，用牙籤輔助插進去，組成南瓜糕。

蒸熟南瓜糕

17 蒸籠墊上蒸烤紙，排入南瓜糕。

小祕訣

製作南瓜蒂時，除了抹茶粉，也可以用綠色色膏。

18 蒸籠底鍋的水煮滾，上籠，以中火蒸15分鐘至熟即成。

筒仔米糕

●成品：190公克米糕8份

材料	%	公克/數量
●糯米飯		
圓糯米	100	600
沸水	100	600
●素肉燥		
堅丸		200
素肉粒		344
覆水乾香菇		160
小麥蛋白		226
沙拉油		120
薑末		30

●烹調部分的食材不標示百分比（％）

材料	%	公克/數量
●調味料		
醬油		15
素蠔油		25
鹽		8.5
冰糖		50
十三香		4
胡椒粉		3.5
●其他		
香椿油		30
甘草		6 片
香菇水＋水		2000
沙拉油		200

製作流程

製作素肉燥

1 堅丸、素肉粒、小麥蛋白浸泡熱水至軟，擠乾後切小丁，放入油鍋中過油。

2 乾香菇泡水至軟，切丁，泡香菇的水先不要倒掉。

3 鍋燒熱，倒入少許油，加入冰糖煮至焦糖色，倒入醬油。

製作糯米飯

4 加入薑末爆香，續入堅丸、素肉粒、小麥蛋白和香菇炒香。

5 倒入素蠔油、鹽、十三香和胡椒粉、香椿油、甘草和香菇水，以大火煮滾，轉小火慢熬約60分鐘收汁，加入200公克熱沙拉油。

6 圓糯米洗淨，瀝乾水分。

7 放入鋼盆中，倒入沸水浸泡。

8 稍微拌一下，使圓糯米能快速熟成。

9 浸泡 20～30 分鐘，讓圓糯米吸到水。

10 將泡好的圓糯米倒入炒鍋中，加入約 130 公克素肉燥，炒至收汁。

11 取桶狀容器，在每個小容器中，都放入 18 公克素肉燥。

蒸熟

12 每個小容器中，都填入 160 公克炒好的素肉燥糯米飯，以湯匙壓緊實，排入蒸籠。

13 蒸籠底鍋的水煮滾，上籠，以大火蒸 30 分鐘至熟。

14 取出，倒扣至容器中即成，可以搭配市售甜辣醬食用。

小祕訣

1. 以沸水浸泡圓糯米，因水溫較高，可加速圓糯米的吸水速度，使之更快速熟成。
2. 素肉燥糯米飯填入杯中時要壓緊實，以免倒扣脫膜後，糯米飯鬆散，無法成型。

八寶荷葉飯

●成品：80 公克荷葉飯 12 個

材料	%	公克/數量
●米飯		
白米	50	150
糯米	50	150
水	100	300
合計	200	600
●配料		
覆水香菇		18
雪蓮子		36
素肉粒		60
竹筍		60
胡蘿蔔		30
素火腿		45
薑末		15
毛豆		30
乾香菇 6 朵		18
沙拉油		60
●調味料		
鹽		3
味精		0.6
素蠔油		12
胡椒粉		0.6
香油		30
薑油		10
合計		428.2
●其他		
荷葉		適量

●烹調部分的食材不標示百分比（％）

113

煮米飯

1 白米、糯米洗淨,瀝乾放入鋼盆中,倒入水浸泡約15分鐘。秤總重量為600公克。

2 蒸籠底鍋的水煮滾,先以大火蒸15分鐘,取出輕輕攪拌,再蒸約10分鐘,關火,燜約10分鐘,取出。

烹調飯料

3 備一鍋滾水,放入荷葉燙軟,洗淨後稍微晾乾。

4 乾香菇泡水至軟,部分切丁,部分切片,香菇片以醬油、糖稍微調味。雪蓮子泡水至軟。

5 素肉粒泡熱水至軟,加入醬油稍醃,過油。竹筍、胡蘿蔔、素火腿都切丁,過油。連同毛豆、薑末放好備用。

6 鍋燒熱,倒入少許油,先放入薑末炒香,續入素肉粒、竹筍和雪蓮子拌炒。

7 加入素火腿、毛豆和胡蘿蔔炒勻,加入調味料拌勻。

8 加入香菇丁、煮好的米飯。

9 將米飯和食材拌勻。

包荷葉飯

10 將荷葉裁剪成扇形,擦乾。

11 在靠近自己這邊的荷葉上鋪入飯料,加入切成半朵的香菇。

12 將荷葉從底部往上捲。

13 捲至一半的位置。

14 左右兩邊的荷葉往中間摺入。

15 再將荷葉捲至底。

16 最後再將荷葉的邊緣修剪整齊，以牙籤固定。

蒸熟

17 將包好的荷葉飯排入蒸籠中。蒸籠底鍋的水煮滾，上籠，以大火蒸 15 分鐘至熟。

 **小祕訣**

1. 內餡都已經熟了，經過蒸製後，荷葉的味道會滲入糯米飯中，風味更佳。
2. 蒸好的米飯要盡快和飯料拌合，以免米飯放越久，越不容易拌開。

台南素碗粿

● 成品：250 公克碗粿 8 個

材料	%	公克／數量
● 米漿		
在來米粉	90	315
樹薯澱粉	10	35
冷水	110	385
沸水	220	770
合計	430	1505
● 沾醬		
水		300
細砂糖		50
醬油		25
素蠔油		25
烏醋		25
太白粉水		40

● 烹調部分的食材不標示百分比（％）

材料	%	公克／數量
● 配料		
蘿蔔乾		120
麵輪		100
素肉粒		100
覆水香菇		100
沙拉油		30
香油		15
素蛋黃		4 個
● 調味料		
鹽		4
糖		5
醬油		10
素蠔油		10
合計		494

製作配料

1 蘿蔔乾洗淨，切碎。

2 麵輪、素肉粒泡熱水至軟，擠乾水分，切小丁，加入醬油醃一下，過油。

製作碗粿

3 乾香菇泡水至軟，部分切片，部分切丁。取香菇片放入鍋中炒香。

4 鍋燒熱，倒入沙拉油、香油，分別加入香菇丁、麵輪、素肉粒炒香，再加入調味料、適量水拌勻。

5 將在來米粉倒入鋼盆中，加入樹薯澱粉、冷水。

6 以打蛋器攪拌均勻。

7 沖入沸水。

8 用打蛋器以擦拌的方式拌勻成米粉漿。

★ 有點疙瘩也沒關係，因為經過蒸製後，疙瘩會熟化。

組合

9 將米漿分裝於每個碗中，以湯匙將表面抹平。

10 先放上素蛋黃，再擺入蘿蔔乾。

11 舀入適量的配料。

12 將完成的每一碗，排入蒸籠中。

13 蒸籠底鍋的水煮滾，上籠，以大火蒸 25 分鐘至熟。

製作沾醬

14 將水、細砂糖倒入鍋中，煮至溶解，加入醬油、素蠔油和烏醋煮滾，最入倒入太白粉水勾芡。

 **小祕訣**

1. 製作流程 9 中，以湯匙將米漿表面抹平，可使完成的成品更平坦、美觀。
2. 取出剛蒸好的碗粿，發現表面有點水水的，是屬於正常現象，並不是沒有熟。
3. 配方中的素蛋黃是用起司和白豆沙餡做的，可以自己製作。

杏福
豆皮壽司

●成品：45 公克壽司 30 個

材料	% 公克 / 數量
●飯料	
薏仁	300
杏仁	51
蕎麥	51
水	420
胡蘿蔔	45
毛豆	45
玉米粒	45
蘋果	45
小黃瓜	45
沙拉油	15
合計	1062
●調味料	
鹽	10
白胡椒粉	適量
●其他	
四角豆皮	30 個
沙拉醬	適量
核桃	20

●烹調部分的食材不標示百分比（％）

製作流程

製作壽司料

1 將薏仁、杏仁、蕎麥洗淨,分別以水浸泡約2小時。薏仁放入沸水汆燙,再和杏仁、蕎麥混合蒸熟。

2 將每片四角豆皮打開。

3 蘋果削皮,和小黃瓜一起都切丁。

4 鍋燒熱,倒入1大匙油,先放入胡蘿蔔、毛豆和玉米粒略炒。

5 把製作流程1加進來,加入少許鹽、白胡椒粉調味,混拌均勻。

6 最後加入蘋果、小黃瓜拌勻,即成壽司料。

組合

7 將豆皮打開。

8 每個豆皮填入30公克壽司料。

9 填好壽司料的豆皮壽司。

10 將核桃敲碎。

11 在壽司頂部擠入沙拉醬,再排入核桃碎即成。

小祕訣

1. 處理薏仁時,要多清洗幾次,才能充分洗淨,沒有異味。
2. 這裡使用的杏仁是南杏,具有特殊的香味。
3. 四角豆皮很容易破掉,打開時要特別謹慎。

越式素生春捲

●成品：生春捲 12 個

材料	% 公克/數量
●生春捲料	
小黃瓜	1 條
胡蘿蔔	半根
萵苣	半顆
九層塔	10
越南米紙	12 片
越南米線	100
花生粒	適量
素火腿片	12 片
薄荷葉	10
冷開水	適量

●烹調部分的食材不標示百分比（％）

材料	% 公克/數量
●醬汁	
焦糖水	240
檸檬汁	85
白醋	4
蘋果醋	3
鹽	1.3
小辣椒末	2
香菜梗末	適量
檸檬皮	適量

製作流程

處理配料

1 米線以冷水浸泡約 1 小時，瀝乾水分，放入沸水中煮約 2 分鐘，立刻撈出，放入冷開水中冷卻。

2 撈出米線，瀝乾水分，加入沙拉油拌開，分成 12 等分。

3 素火腿片煎至金黃；胡蘿蔔削皮後切絲。

4 小黃瓜切絲。

5 九層塔洗淨；萵苣剝成片，泡冰水，瀝乾水分。

包春捲

6 備好一盆冷水，手拿著圓形的越南米紙迅速漂水。

7 放入漂水後，立刻拿起來。

8 米紙粗面朝上，在中間依序排入萵苣、米線、小黃瓜、胡蘿蔔和九層塔、花生粒、薄荷葉。

9 往前包捲，捲至一半位置。

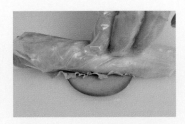

10 橫放入 1 片素火腿。

11 左右兩邊的米紙往中間摺入。

製作醬汁

12 再將米紙捲至底，即成生春捲。

13 將 150 公克細砂糖、20 公克水倒入鍋中，以小火將糖煮溶。

14 繼續煮至呈焦糖色。

15 慢慢加入 100 公克熱水再次煮滾，放涼，取 240 公克焦糖水使用。

16 所有材料混合均勻即可，可搭配生春捲食用。

17 包好的生春捲盡快吃完最美味，以免放久了外皮會變硬。

 **小祕訣**

1. 市售越南米紙有厚、薄產品，這道菜使用的是厚米紙，以漂水的方式使其軟化。如果買到的是薄款米紙，建議以細灑水器噴灑的方式軟化。如果用漂水，米紙會太軟，不易包捲。

2. 越南米紙有圓形、方形，這裡使用圓形米紙製作。此外，有些廠商會將米紙翻譯成薄餅，至越南商店或東南亞材料行購買時，可詢問店家。

3. 越南米線可先以冷水泡軟再煮，撈出瀝乾後加點油拌開，才不會黏成一團。

鹹水餃

●成品：55 公克鹹水餃 12 個

材料	%	公克／數量
●米糰（每個約 40 公克）		
糯米粉	100	200
澄粉	10	20
細砂糖	35	70
沸水	85	170
沙拉油	15	30
合計	245	490
●內餡（每個約 15 公克）		
沙拉油		16
薑末		3
未來肉丁		100
香菇末		6
蘿蔔乾末		20
芹菜末		4
太白粉		6
水		24
熟白芝麻		4
熟炸花生		10
●調味料		
鹽		2
細砂糖		6
味精		1
胡椒粉		1
醬油		2
香油		4
合計		209
●炸油		
沙拉油		適量

●烹調部分的食材不標示百分比（％）

製作流程

製作內餡

1 鍋燒熱，倒入少許油，先放入薑末爆香，依序放入未來肉丁、香菇末、蘿蔔乾末炒香。

2 加入鹽、細砂糖、味精、胡椒粉和醬油、香油調味。

3 倒入拌勻的太白粉水勾芡。

4 加入芹菜末拌勻。

5 熄火，加入熟芝麻粒、花生碎（稍微敲碎）。

6 拌勻成內餡。

製作米糰

7 將糯米粉、澄粉倒入鋼盆中混合。

8 加入細砂糖拌勻。

9 沖入沸水（100℃）。

10 以筷子或小擀麵棍順時鐘方向，攪拌成絮狀，放冷卻。

11 加入沙拉油。

12 搓揉成光滑的米糰，再分割成 12 等分，每個都滾圓。

包餡

13 取一個小米糰，用手掌略壓平，整型成扁圓形，包入內餡。

14 聚攏邊緣收口，收成一個圓球。

15 整型成橄欖球形狀。

炸熟

16 將油倒入鍋中燒熱（約170℃），放入米糰，炸至外表呈金黃色，撈出瀝乾油分即成。

 **小祕訣**

鹹水餃的米糰要加入澄粉，並且用沸水去燙，這樣可以避免油炸時，外皮爆裂。

松露百菇
水晶餃

●成品：43 公克 10 個

材料	%	公克 / 數量
●粉皮（每個約 30 公克）		
澄粉	75	120
樹薯澱粉	25	40
沸水	100	160
沙拉油	5	8
冷水（調整粉糰軟硬度）		適量
合計	205	328
●內餡（每個約 13 公克）		
杏鮑菇		40
洋菇		30
香菇		30
竹筍		20
貢菜		10
大頭菜		10
●調味料		
松露醬		8
鹽		1
味精		0.5
細砂糖		3
胡椒粉		0.3
素蠔油		3
玉米粉		10
合計		165.8

●烹調部分的食材不標示百分比（％）

製作流程

製作內餡

1 將杏鮑菇、洋菇、香菇和竹筍都切丁，放入油鍋中過油。

2 大頭菜切丁；貢菜切小丁，放入鍋中炒香。

3 將處理好的食材放涼，倒入鋼盆中，加入調味料拌勻，最後加入玉米粉拌勻，即成內餡。

製作米糰

4 將澄粉、樹薯澱粉倒入鋼盆中混合，沖入沸水（100℃）。

5 以筷子或小擀麵棍順時鐘方向攪拌成絮狀，放冷卻。

6 加入沙拉油，搓揉成光滑的米糰。

包餡

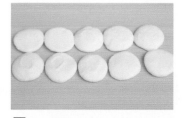

7 分割成 10 等分，每個都滾圓，再用手掌略壓平，整型成扁圓形。

8 取一片小米糰，中間包入內餡。

9 將一端的米糰皮捏緊，使黏在一起。

10 以包餡匙整理內餡。

11 如圖捏緊兩邊的米糰皮，使成三角形。

蒸熟

12 蒸籠底鍋的水煮滾，放入水晶餃，以中大火蒸約 10 分鐘至熟即可。

蘋果鳳梨
肉桂捲

●成品：40公克肉桂捲12個

材料	%	公克/數量
●外皮		
春捲皮		12張
●內餡		
蘋果（丁）		150
蘋果（泥）		150
鳳梨		80
地瓜		40
細砂糖A		50
細砂糖B		50
水		45
玉米粉		15
肉桂粉		5
合計		585

●烹調部分的食材不標示百分比（％）

製作流程

製作內餡

1 備好蘋果泥、蘋果丁。

2 備好鳳梨丁、熟地瓜丁。

3 將蘋果丁放入小鍋中,加入細砂糖 A,煮至蘋果軟化。

4 加入蘋果泥,煮至濃稠狀。

5 鳳梨丁放入小鍋中,加入細砂糖 B,煮至鳳梨軟化。

6 將製作流程 4、5 和地瓜丁倒入小鍋中混合,加入玉米粉水勾芡。

組合

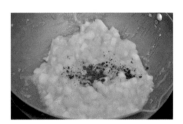

7 加入肉桂粉拌匀,即成內餡。

8 取一張春捲皮,底部放入內餡。

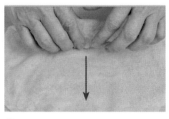

9 由下往上捲起,先捲至包住內餡。

炸熟

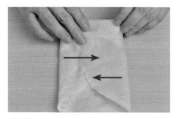

10 左右兩邊的春捲皮往中間摺入。

11 再將春捲皮捲至底,邊緣抹些麵糊,黏起來。
★麵糊的比例是麵粉 1:水 2。

12 將油倒入鍋中燒熱(約170℃),放入肉桂捲炸至外表呈金黃色,撈出瀝乾油分即成。

花生
芋泥捲

●成品：40 公克芋泥捲 12 個

材料	%	公克 / 數量
●外皮		
春捲皮		12 張
●內餡		
去皮芋頭		250
細砂糖		30
無水奶油		10
椰漿		20
玉米粉水		20
花生醬		120
玉米粉		20
合計		470

●烹調部分的食材不標示百分比（％）

製作流程

製作內餡

1 芋頭切片，蒸熟，趁熱加入細砂糖、奶油、椰漿和玉米粉水。

2 拌勻成無顆粒的芋泥。

3 花生醬放入鍋盆中，加入玉米粉，用軟刮刀以壓拌的方式拌勻。

★加入玉米粉一起拌，可防止花生醬油水分離。

4 放入冰箱冷藏。

包餡

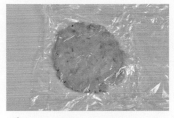

5 工作檯鋪上保鮮膜，將芋泥分成 12 等分，搓成圓球形，壓扁。

6 擠入適量冰花生醬。

7 將芋泥由下方往上捲起。

組合

8 將芋泥捲整成長條棒狀。

9 取一張春捲皮，底部放入芋泥棒。

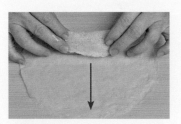

10 由下往上捲起，先捲至包住內餡。

11 左右兩邊的春捲皮往中間摺入。

12 將春捲皮上半部抹些麵糊，往上捲起，使黏起來。

★麵糊的比例是麵粉 1：水 2。

炸熟

13 將油倒入鍋中燒熱（約170℃），放入花生芋泥捲炸至外表呈金黃色，撈出瀝乾油分即成。

香芋甜糕

●成品： 1600 公克 1 盤

材料	%	公克/數量
去皮芋頭	135	400
細砂糖 A	40	120
細地瓜粉	50	150
樹薯澱粉	50	150
鹽	2	6
細砂糖 B	40	120
冷水	70	210
沸水	170	510
合計	557	1666

●烹調部分的食材不標示百分比（％）

製 作 流 程

處理芋頭

1 芋頭刨成細絲，倒入鋼盆中，加入細砂糖 A。

2 兩手拿穩鋼盆邊緣，輕輕甩一甩，使細砂糖充分沾裹芋頭絲，芋頭絲能被糖醃漬到。

製作甜糕

3 將細地瓜粉、樹薯澱粉倒入鋼盆中混合，加入鹽、細砂糖 B 和冷水拌勻。

4 沖入沸水（100℃）。

5 以打蛋器充分攪拌均勻即可糊化。

6 將芋頭絲倒入製作流程 5 中。

7 混合均勻，即成甜糕糊。

8 在不鏽鋼方盤中鋪好烘焙紙，刷上些許沙拉油。

9 將甜糕糊倒入不鏽鋼方盤中，表面稍微整平。

蒸熟

10 蒸籠底鍋的水煮滾，放入製作流程 9，以中火蒸約 30 分鐘。

11 蒸熟後取出，放涼後再切成適當大小的塊狀即成。

小祕訣

除了蒸熟食用，也可將切塊的香芋甜糕油炸或煎香享用。

素燥
芋籤糕

● 成品：1500 公克

材料	%	公克/數量
去皮芋頭	100	1200
細地瓜粉	10	120
水	3	36
●配料		
素肉燥		150
芹菜末		適量
●調味料		
醬油	2	24
細砂糖	3	36
鹽	1	12
十三香	0.2	2.4
白胡椒粉	0.3	3.6
合計	119.5	1584

● 烹調部分的食材不標示百分比（％）

製作流程

處理芋頭

1 芋頭刨成細絲，倒入鋼盆中。

2 加入水、醬油、細砂糖、鹽、十三香和白胡椒粉，抓拌一下。

3 靜置至芋頭絲軟化。

製作芋籤糕

4 加入細地瓜粉拌勻成芋籤糊。

5 在不鏽鋼方盤中鋪好烘焙紙，刷上些許沙拉油。

6 將芋籤糊倒入不鏽鋼方盤中。

組合

7 以手將表面壓緊實。

8 表面倒入素肉燥，稍微弄平。
★素肉燥做法可參照 p.111。

9 舀入芹菜末，使分散均勻。

蒸熟

10 蒸籠底鍋的水煮滾，放入製作流程 9，以中小火蒸約 25 分鐘。

11 蒸熟後取出，放涼後再切成適當大小的塊狀即成。

小祕訣

十三香是由小茴香、花椒、丁香、肉桂和甘草等十三種香料調配而成的中式調味粉，用在烹調料理，可增添獨特的香氣。

素肉圓

●成品：12 個

材料	%	公克/數量
●粉漿		
細地瓜粉 A	20	120
冷水 A	35	210
沸水	70	420
細地瓜粉 B	60	360
樹薯澱粉	20	120
冷水 B	45	270
合計	250	1500
●沾醬		
素蠔油		15
甜辣醬		75
海山醬		75
糯米粉		15
冷水		300

●烹調部分的食材不標示百分比（％）

材料	%	公克/數量
●內餡		
沙拉油		60
薑末		18
覆水皮絲		300
覆水筍絲		300
乾香菇		12
●調味料		
鹽		6
味精		6
細砂糖		18
胡椒粉		3
五香粉		3
素蠔油		12
香油		30
合計		768

製 作 流 程

製作內餡

1 皮絲切小丁；筍絲切小段；乾香菇泡軟切小丁。

2 將鹽、味精、細砂糖、白胡椒粉和五香粉等調味料混合。

製作粉漿

5 將細地瓜粉 A 倒入鋼盆中，加入冷水 A 拌勻。

3 鍋燒熱，先放入薑末、香菇爆香，續入皮絲、素蠔油和一半調味料炒香，取出。

4 原鍋倒入沙拉油，放入筍絲炒熟，加入剩下的調味料炒香，取出。

6 分次沖入沸水。

7 以打蛋器充分攪拌均勻即可糊化。

8 加入細地瓜粉 B、樹薯澱粉，用軟刮刀以切拌的方式拌勻。

★如果使用電動攪拌器，可用1檔（慢速）攪打。

9 分次加入冷水B，慢慢攪拌成光滑的粉漿。

10 取專用的肉圓碟，底部先用飯匙塗上一層粉漿。

11 中間鋪放內餡。

12 上面再覆蓋一層粉漿。

13 整齊地排入蒸籠中，等蒸籠底鍋的水煮滾後放入蒸籠，以中小火蒸約20分鐘。

14 將沾醬的所有材料倒入小鍋中煮沸，放涼。可搭配素肉圓食用。

小祕訣

1. 可以先將乾的調味料食材混合，才更容易與其他食材結合。
2. 肉圓專用碟（專用皿）有瓷製、不鏽鋼製的產品，可至食品器具行購買。

蘑菇鹹塔

●成品：62 公克鹹塔 40 個

材料	%	公克/數量
●塔皮（亦可使用市售塔皮）		
低筋麵粉	100	247
無鹽奶油	53	130
蛋	33	82
鹽	1	2
合計	187	461
●內餡		
沙拉油		18
覆水香菇		53
洋菇		53
南瓜		350
青椒末		35
紅甜椒末		35
起司絲		105
低筋麵粉		28
無鹽奶油		28
牛奶		175
鹽		3
●調味料		
鹽		4
細砂糖		7
胡椒粉		2
合計		896

●烹調部分的食材不標示百分比（%）

製 作 流 程

製作塔皮

1 奶油切塊後放軟，倒入鋼盆中，攪打至軟化。

2 加入蛋、鹽拌勻，再篩入低筋麵粉，翻拌成團，移到工作檯上。

3 將麵團放入塑膠袋中壓平，稍微鬆弛，備用。

製作內餡

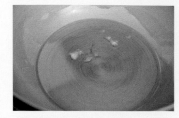

4 將奶油倒入鍋中，以中小火融化。

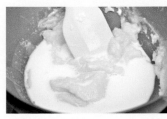

5 篩入低筋麵粉炒香，分次倒入牛奶拌勻，加入鹽拌勻。

6 用刮刀壓拌混合。

7 混合至均勻無顆粒的糊狀，即成白醬。

8 南瓜切丁，蒸熟後搗成泥。

9 香菇切末，洋菇切丁，一起倒入鍋中炒香，加入南瓜泥、白醬和調味料拌勻，即成內餡。

組合、烘烤

10 取出塔皮麵團，分成40等分，捏好塔皮，以上火180℃、下火150℃烘烤15分鐘，取出使用。此處以市售塔皮示範。

11 舀入內餡鋪平。

12 表面撒上起司絲，再放青椒末、紅甜椒末。

13 以上火200℃、下火200℃烘烤8～10分鐘。

胡椒餅

●成品：130 公克胡椒餅 16 個

材料	%	公克／數量
●麵皮（每個約 60 公克）		
粉心麵粉	100	600
無水奶油	5	30
細砂糖	2	12
速溶酵母	1.5	9
冷水	55	330
合計	163.5	981
●油酥（每個約 15 公克）		
粉心麵粉	100	160
無水奶油	50	80
合計	150	240
●內餡（每個約 55 公克）		
素肉粒		380
未來肉		100
鴻喜菇		24
豆薯		96
玉米粒		96
玉米粉		10
●調味料		
醬油		29
糖		29
鹽		4.2
味精		2
粗黑胡椒粉		10
花椒粉		2.5
辣椒粉		5
●其他		
綜合起司絲		135
生白芝麻粒		適量
合計		922.7

●烹調部分的食材不標示百分比（％）

製 作 流 程

製作內餡

1 鴻喜菇切丁，炒香，加入豆薯稍微拌炒，取出。素肉粒放入油鍋中過油。

2 鍋燒熱，倒入少許沙拉油，放入 200 公克炸好的素肉粒、醬油拌炒，倒入 300 公克水，煮至收汁，重量約 380 公克。

3 加入調味料、豆薯、鴻喜菇和玉米粒拌炒，加入玉米粉拌勻，熄火。

製作麵皮

4 將麵粉、奶油、細砂糖、酵母倒入攪拌缸中，倒入冷水。

★酵母和細砂糖不要放在同一個地方，要分開放，以免酵母易脫水而發不起來。

5 用鉤狀攪拌器以 1 檔（慢速）攪打至有彈性的麵團，取出放在工作檯上。

製作油酥

6 將麵粉、奶油倒入攪拌缸中，用鉤狀攪拌頭以 1 檔（慢速）攪打成團。

麵皮包油酥

7 將麵皮分成 16 等分。

8 將油酥分成 16 等分。

9 參照 P.42 製作流程 11～16，將麵皮滾圓。

10 麵皮蓋上塑膠袋，鬆弛 10 分鐘。

11 將麵皮拍扁平。

12 包入 1 個油酥。

13 聚攏麵皮的邊緣收口。

擀捲第1次

14 接口朝上,以手掌壓平麵皮。

15 擀麵棍從中間先往上擀開,再往下擀開,擀成長椭圓形。

16 輕輕將麵皮由下往上,捲至一半處。

17 再往上捲到底。

18 壓一下,完成第一次擀捲,鬆弛約 5 分鐘。

19 將麵團轉 90 度,接口朝上。

20 擀麵棍從中間先往上擀開,再往下擀開。

擀捲第2次

21 輕輕將麵皮由下往上,捲至一半處。

22 再往上捲到底。

23 壓一下,再鬆弛15分鐘。

24 將麵團擀開。

25 翻過面再擀開呈正方形。

包內餡

26 包入 55 公克內餡，塞入綜合起司絲。
★切達、帕瑪森、馬扎瑞拉起司等綜合起司皆可。

27 以拇指按壓內餡，慢慢收口。

28 整型成圓球狀。

29 表面刷些許水。

30 上面沾裹生白芝麻粒。

31 最後發酵 15～20 分鐘。

烘烤

32 放入烤箱，以上火 240℃、下火 210℃烘烤約 10 分鐘。取出烤盤掉頭，再烘烤約 8 分鐘，至表面呈金黃色即成。

小祕訣

1. 烘烤時，烤箱門可以插入一根筷子，留一條縫，使水氣散出，殼才會酥脆。
2. 所有麵團鬆弛時，都需加上蓋子或蓋上塑膠袋、保鮮膜。

147

咖哩餃

●成品：50 公克咖哩餃 12 個

材料	％	公克／數量
●油皮（每個約 20 公克）		
中筋麵粉	100	130
細砂糖	10	13
無水奶油	35	46
冷水	47	61
合計	192	250
●油酥（每個約 10 公克）		
中筋麵粉	100	80
無水奶油	50	40
合計	150	120
●內餡（每個約 20 公克）		
沙拉油		15
覆水香菇		54
竹筍		54
胡蘿蔔		27
素肉粒		72
蒟蒻		27
玉米澱粉		5
●調味料		
鹽		2.7
咖哩粉		3.6
糖		3
合計		263.3
●其他		
白芝麻粒		適量
蛋液	1個全蛋＋1個蛋黃	

●烹調部分的食材不標示百分比（％）

製作流程

製作內餡

1 香菇切丁，放入鍋中炒香。

2 竹筍切丁，胡蘿蔔削皮後切丁，蒟蒻切丁，放入鍋中炒香。

3 加入素肉粒，再加入鹽、咖哩粉、細砂糖炒勻，最後加入玉米澱粉拌勻，即成內餡。

製作油皮

4 將麵粉、奶油倒入攪拌缸中，加入細砂糖、冷水，用鉤狀攪拌器以1檔（慢速）攪打成團。

5 將油皮分割成 12 等分。

6 參照 P.42 製作流程 11 ～ 16，將油皮滾圓。

製作油酥

7 蓋上塑膠袋，鬆弛約 15 分鐘。

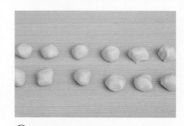

8 將麵粉、奶油倒入攪拌缸中，攪拌成團，搓成長條狀。

9 將油酥分割成 12 等分。

油皮包油酥

10 尚未操作時，可以先蓋上塑膠袋。

11 取一個油皮，稍微壓扁。

12 包入 1 個油酥。

13 聚攏油皮的邊緣收口，
完成一個圓球。

14 蓋上塑膠袋，鬆弛約5
分鐘。

擀捲第1次

15 接口朝上，以手掌壓平。
擀麵棍從中間先往上擀開。

16 再往下擀開，擀成長橢
圓形。

17 輕輕將麵皮由下往上
捲到底，完成第一次擀捲，
鬆弛約5分鐘。

擀捲第2次

18 將麵團轉90度，接口
朝上，擀麵棍從中間先往上
擀開。

19 再往下擀開。

20 輕輕將麵皮由下往上
捲到底，完成第二次擀捲。

21 鬆弛約15分鐘。

擀捲第3次

22 壓一麵團，接口朝下。

23 擀麵棍從中間先往上擀
開，再往下擀開。

24 將麵團轉90度。

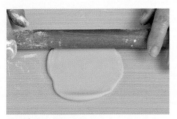

25 從中間先往上擀開，再往下擀開。

26 翻過面再擀開，擀成直徑約 8 公分的薄圓片。

包餡

27 包入 20 公克內餡。

28 將皮對摺，包成半月形。

29 將邊緣的餅皮捏成絞紋。

30 餅皮邊緣會呈現如上圖中的絞紋花邊。

31 表面抹些許蛋液。

32 以竹籤戳幾個小洞。

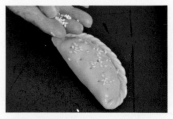

33 表面撒上白芝麻粒。

烘烤

34 放入烤箱，以上火 210℃、下火 200℃烘烤至表面呈金黃色即成。

小祕訣

製作流程 31 的蛋液，是將 1 個全蛋、1 個蛋黃拌勻過濾使用。

蘿蔔絲酥餅

●成品：50 公克酥餅 12 個

材料	%	公克 / 數量
●油皮（每個約 15 公克）		
低筋麵粉	75	79
中筋麵粉	25	26
細砂糖	12.5	13
無水奶油	25	26
水	43.6	46
合計	181.1	190
●油酥（每個約 10 公克）		
無水奶油	50	40
低筋麵粉	100	80
合計	150	120
●內餡（每個約 25 公克）		
去皮白蘿蔔		180
素火腿		9
香菇		14
水		135
沙拉油		13
芹菜末		14
太白粉		25
水		29
香油		2
●調味料		
鹽		2
味精		1
細砂糖		4
胡椒粉		1
合計		429
●其他		
Bird 吉士粉		15
水		65
白芝麻		適量

●烹調部分的食材不標示百分比（％）

製作流程

製作內餡

1 白蘿蔔洗淨後削皮，剉成絲。

2 香菇泡水至軟化，切丁。

3 素火腿切丁，放入鍋中炒香，取出。

4 鍋燒熱，倒入少許油，先放入香菇、素火腿炒香，續入 135 公克水，將白蘿蔔絲拌炒至軟化。

5 加入調味料拌勻，倒入太白粉水勾芡，加入香油、芹菜末拌勻。放涼後冷藏。

製作油皮

6 將所有材料倒入攪拌缸中，用鉤狀攪拌器以1檔（慢速）攪打成團。

製作油酥

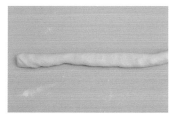

7 蓋上保鮮膜，鬆弛約 15 分鐘，滾圓。

8 將麵粉、奶油倒入攪拌缸中，攪拌成團，再搓揉成長條狀。

油皮包油酥

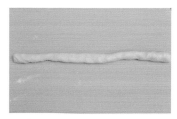

9 將油皮（照片中上方）稍微壓扁，擀成長方形片。

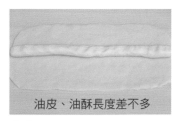

10 將油酥拉成長條狀，長度要和油皮差不多。

油皮、油酥長度差不多

11 將油酥擺放在油皮的中間。

12 把油酥壓扁。

13 將上面的油皮往下摺三分之一。

14 將下方的油皮往上摺三分之一，稍微蓋住往下摺的油皮。

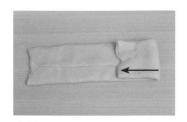

15 左邊油皮往中間摺四分之一。

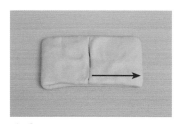

16 右邊油皮往中間摺四分之一。

17 將油皮接口朝下，表面撒些麵粉，蓋上塑膠袋，鬆弛約 10 分鐘。

擀捲油皮

接口

18 接口朝上（面向自己），分次擀成 40×20 公分。

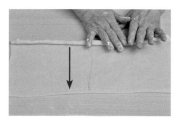

19 由下往上捲，捲成長條狀。

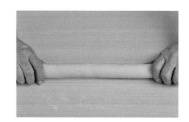

20 整個捲完如上圖。

21 蓋上塑膠袋，鬆弛約 15 分鐘。

22 分割成 12 等分。

23 每一個都立起（使其站於工作檯上），以手掌壓扁。

24 擀成直徑大約 9 公分的圓片。

包內餡

25 包入 25 公克內餡。

26 皮對摺，包成半月形。

27 將右邊皮往洞口凹入。

28 將皮往中間壓摺，並壓緊。

29 皮壓緊後的樣子。

30 左邊也以相同的方式，將皮凹入，往中間壓摺並壓緊，再確認兩邊皆壓緊。

31 整型完成的樣子。

32 吉士粉（白色）和水拌勻，以刷子刷在表面。

33 表面沾裹白芝麻粒。

炸熟

34 將油倒入鍋中燒熱（約160℃），放入生蘿蔔絲酥餅炸至呈金黃色，撈出瀝乾油分即成。

 **小祕訣**

內餡食材中有白蘿蔔，易出水，建議內餡隔天使用完畢為佳。若放在冰箱冷藏，約可保存 3 天。

Cook50216

社大名師親授中式素點心

近 900 張步驟圖解，職人配方、詳解技法

作者	劉妙華、連麗惠
攝影	周禎和
美術設計	鄭雅惠
編輯	彭文怡
校對	翔瀅
企畫統籌	李橘
總編輯	莫少閒
出版者	朱雀文化事業有限公司
地址	台北市基隆路二段 13-1 號 3 樓
電話	02-2345-3868
傳真	02-2345-3828
劃撥帳號	19234566　朱雀文化事業有限公司
e-mail	redbook@hibox.biz
網址	http://redbook.com.tw
總經銷	大和書報圖書股份有限公司 (02)8990-2588
ISBN	978-626-7064-02-3
初版一刷	2021.12
定價	450 元

出版登記 北市業字第 1403 號

國家圖書館出版品預行編目 (CIP) 資料

社大名師親授中式素點心：近 900 張
步驟圖解，職人配方、詳解技法 / 劉妙
華、連麗惠著初版.台北市：朱雀文化，
2021.12
面；　公分 . -- (Cook50：216)
ISBN 978-626-7064-02-3（平裝）
1. 點心食譜　　　　　　　　427.31

About 買書

●實體書店：北中南各書店及誠品、金石堂、何嘉仁等連鎖書店均有
販售。建議直接以書名或作者名，請書店店員幫忙尋找書籍及訂購。
●●網路購書：至朱雀文化網站購書可享 85 折起優惠，博客來、讀冊、
PCHOME、MOMO、誠品、金石堂等網路平台亦均有販售。
●●●郵局劃撥：請至郵局窗口辦理（戶名：朱雀文化事業有限公司，
帳號 19234566），掛號寄書不加郵資，4 本以下無折扣，5～9 本 95 折，
10 本以上 9 折優惠。

民國六十一年

豆油伯

SINCE 1972
DO YOU BO
SOY SAUCE

®

台灣契作大豆、小麥

整顆原豆釀造

無稀釋、不含碘

0800-256-866

豆油伯 屏東竹田銷售部
屏東縣竹田鄉履豐村豐振路2-8號

豆油伯 勝利星村品牌文化體驗
屏東縣屏東市青島街102號